俄罗斯反导力量建设研究

Research on Building Russian ABM Force

桂 晓 著

社会科学文献出版社
SOCIAL SCIENCES ACADEMIC PRESS (CHINA)

图书在版编目(CIP)数据

俄罗斯反导力量建设研究 / 桂晓著. --北京：社会科学文献出版社，2017.12（2023.4 重印）
（中国社会科学博士后文库）
ISBN 978-7-5201-1569-8

Ⅰ.①俄… Ⅱ.①桂… Ⅲ.①导弹防御系统-研究-俄罗斯 Ⅳ.①TJ760.3

中国版本图书馆 CIP 数据核字（2017）第 250281 号

·中国社会科学博士后文库·
俄罗斯反导力量建设研究

著　　者 / 桂　晓

出 版 人 / 王利民
项目统筹 / 祝得彬　仇　扬
责任编辑 / 张苏琴
责任印制 / 王京美

出　　版 / 社会科学文献出版社·当代世界出版分社（010）59367004
地址：北京市北三环中路甲 29 号院华龙大厦　邮编：100029
网址：www.ssap.com.cn
发　　行 / 社会科学文献出版社（010）59367028
印　　装 / 北京虎彩文化传播有限公司

规　　格 / 开　本：787mm × 1092mm　1/16
印　张：11.5　字　数：189 千字
版　　次 / 2017 年 12 月第 1 版　2023 年 4 月第 2 次印刷
书　　号 / ISBN 978-7-5201-1569-8
定　　价 / 78.00 元

读者服务电话：4008918866

第六批《中国社会科学博士后文库》编委会及编辑部成员名单

序　言

博士后制度在我国落地生根已逾30年，已经成为国家人才体系建设中的重要一环。30多年来，博士后制度对推动我国人事人才体制机制改革、促进科技创新和经济社会发展发挥了重要的作用，也培养了一批国家急需的高层次创新型人才。

自1986年1月开始招收第一名博士后研究人员起，截至目前，国家已累计招收14万余名博士后研究人员，已经出站的博士后大多成为各领域的科研骨干和学术带头人。这其中，已有50余位博士后当选两院院士；众多博士后入选各类人才计划，其中，国家百千万人才工程年入选率达34.36%，国家杰出青年科学基金入选率平均达21.04%，教育部“长江学者”入选率平均达10%左右。

2015年底，国务院办公厅出台《关于改革完善博士后制度的意见》，要求各地各部门各设站单位按照党中央、国务院决策部署，牢固树立并切实贯彻创新、协调、绿色、开放、共享的发展理念，深入实施创新驱动发展战略和人才优先发展战略，完善体制机制，健全服务体系，推动博士后事业科学发展。这为我国博士后事业的进一步发展指明了方向，也为哲学社会科学领域博士后工作提出了新的研究方向。

习近平总书记在2016年5月17日全国哲学社会科学工作座谈会上发表重要讲话指出：一个国家的发展水平，既取决于自然科学发展水平，也取决于哲学社会科学发展水平。一个没有发达的自然科学的国家不可能走在世界前列，一个没有繁荣的哲学社会科学的国家也不可能走在世界前列。坚持和发展中国特色社会主义，需要不断在实践和理论上进行探索、用发展着的理论指导发展着的实践。在这个过程中，哲学社会科学具有不可替代的重要地位，哲学社会科学工作者具有不可替代的重要作用。这是党和国家领导人对包括哲学社会科学博士后在内的所有哲学社会科学领域的研究者、工作者提出的殷切希望！

中国社会科学院是中央直属的国家哲学社会科学研究机构，在哲学社会科学博士后工作领域处于领军地位。为充分调动哲学社会科学博士后研究人员科研创新积极性，展示哲学社会科学领域博士后优秀成果，提高我国哲学社会科学发展整体水平，中国社会科学院和全国博士后管理委员会于2012年联合推出了《中国社会科学博士后文库》（以下简称《文库》），每年在全国范围内择优出版博士后成果。经过多年的发展，《文库》已经成为集中、系统、全面反映我国哲学社会科学博士后优秀成果的高端学术平台，学术影响力和社会影响力逐年提高。

下一步，做好哲学社会科学博士后工作，做好《文库》工作，要认真学习领会习近平总书记系列重要讲话精神，自觉肩负起新的时代使命，锐意创新、发奋进取。为此，需做到：

第一，始终坚持马克思主义的指导地位。哲学社会科学研究离不开正确的世界观、方法论的指导。习近平总书记深刻指出：坚持以马克思主义为指导，是当代中国哲学社会科学区别于其他哲学社会科学的根本标志，必须旗帜鲜明加以坚持。马克思主义揭示了事物的本质、内在联系及发展规律，是“伟大的认识工具”，是人们观察世界、分析问题的有力思想武器。马克思主义尽管诞生在一个半多世纪之前，但在当今时代，马克思主义与新的时代实践结合起来，愈来愈显示出更加强大的生命力。哲学社会科学博士后研究人员应该更加自觉坚持马克思主义在科研工作中的指导地位，继续推进马克思主义中国化、时代化、大众化，继续发展21世纪马克思主义、当代中国马克思主义。要继续把《文库》建设成为马克思主义中国化最新理论成果的宣传、展示、交流的平台，为中国特色社会主义建设提供强有力的理论支撑。

第二，逐步树立智库意识和品牌意识。哲学社会科学肩负着回答时代命题、规划未来道路的使命。当前中央对哲学社会科学愈发重视，尤其是提出要发挥哲学社会科学在治国理政、提高改革决策水平、推进国家治理体系和治理能力现代化中的作用。从2015年开始，中央已启动了国家高端智库的建设，这对哲学社会科学博士后工作提出了更高的针对性要求，也为哲学社会科学博士后研究提供了更为广阔的应用空间。《文库》依托中国社会科学院，面向全国哲学社会科学领域博士后科研流动站、工作站的博士后征集优秀成果，入选出版的著作也代表了哲学社会科学博士后最高的学术研究水平。因此，要善于把中国社会科学院服务党和国家决策的大智库功能与《文库》的小智库功能结合起来，进而以智库意识推动品牌意识建设，最终树立《文库》的智库意识和品牌意识。

第三，积极推动中国特色哲学社会科学学术体系和话语体系建设。改革开放30多年来，我国在经济建设、政治建设、文化建设、社会建设、生态文明建设和党的建设各个领域都取得了举世瞩目的成就，比历史上任何时期都更接近中华民族伟大复兴的目标。但正如习近平总书记所指出的那样：在解读中国实践、构建中国理论上，我们应该最有发言权，但实际上我国哲学社会科学在国际上的声音还比较小，还处于有理说不出、说了传不开的境地。这里问题的实质，就是中国特色、中国特质的哲学社会科学学术体系和话语体系的缺失和建设问题。具有中国特色、中国特质的学术体系和话语体系必然是由具有中国特色、中国特质的概念、范畴和学科等组成。这一切不是凭空想象得来的，而是在中国化的马克思主义指导下，在参考我们民族特质、历史智慧的基础上再创造出来的。在这一过程中，积极吸纳儒、释、道、墨、名、法、农、杂、兵等各家学说的精髓，无疑是保持中国特色、中国特质的重要保证。换言之，不能站在历史、文化虚无主义立场搞研究。要通过《文库》积极引导哲学社会科学博士后研究人员：一方面，要积极吸收古今中外各种学术资源，坚持古为今用、洋为中用。另一方面，要以中国自己的实践为研究定位，围绕中国自己的问题，坚持问题导向，努力探索具备中国特色、中国特质的概念、范畴与理论体系，在体现继承性和民族性，体现原创性和时代性，体现系统性和专业性方面，不断加强和深化中国特色学术体系和话语体系建设。

新形势下，我国哲学社会科学地位更加重要、任务更加繁重。衷心希望广大哲学社会科学博士后工作者和博士后们，以《文库》系列著作的出版为契机，以习近平总书记在全国哲学社会科学座谈会上的讲话为根本遵循，将自身的研究工作与时代的需求结合起来，将自身的研究工作与国家和人民的召唤结合起来，以深厚的学识修养赢得尊重，以高尚的人格魅力引领风气，在为祖国、为人民立德立功立言中，在实现中华民族伟大复兴中国梦征程中，成就自我、实现价值。

是为序。

王京清

中国社会科学院副院长

中国社会科学院博士后管理委员会主任

2016 年 12 月 1 日

摘要

从20世纪50年代至今，俄罗斯反导力量建设已经走过半个多世纪的历程。20世纪下半叶，反导力量凭借对核威慑力的重要影响，在俄罗斯国家安全保障中占据重要的地位，是影响俄美战略稳定的重要因素。21世纪以来，俄罗斯反导力量的任务不断扩展，其不仅担负拦截核弹道导弹的任务，还担负拦截临近空间高超声速武器等新型空天袭击兵器的使命。特别是自2002年美国退出《反导条约》后，美、俄以及一些新兴国家都开始大力发展反导力量，反导力量的发展迎来了“新的春天”。本书一方面研究俄（苏）反导力量建设的历史、发展现状及未来趋势，从纵向分析俄（苏）反导力量的发展脉络和未来走向；另一方面研究俄（苏）在反导领域与美国的博弈关系，以及俄（苏）反导力量与太空防御和防空力量的关系，从横向研究俄（苏）反导力量在俄（苏）美博弈以及俄（苏）空天防御体系中的角色和作用。当前，中国正处于反导力量建设初期。我们希望通过深入研究俄（苏）反导力量建设的经验教训，对我国反导力量的战略定位、作战理论、武器研制及组织建设等提出有益建议。

全书分为七个部分。绪论讲述国内外研究现状、本研究的重点、难点与创新点、本研究的目的与意义，解释和定义本书涉及的主要术语。第一章讲述俄罗斯所面临的空天一体进攻威胁，论述反导力量在俄罗斯国家安全保障中的地位和重要作用。第二章梳理俄（苏）反导力量建设自诞生之日到2015年的发展历史，主要分为初建时期、《反导条约》生效时期及《反导条约》废除后时期这三个阶段。第三章详述由反导拦截武器系统、反导侦察预警系统及反导指挥控制系统组成的俄罗斯反导武器系统的构成现状及未来发展趋势。第四章论述俄罗斯空天军、陆军及海军中反导力量的构成和反导力量领导指挥体制的现状及未来发展趋势。第五章论述俄（苏）在反导力量建设中重点处理的三对关系，即反导力量与核力量建设的关系、反导力量与防空力量建设的关系、反导力量与太空力量建设的关系。该章还总结俄（苏）反导力量建设的基本做法：一是在战略指导上，从对美国的对称回应转向非对称回应，并科学调整反导力量的战略地位；二是在框架设计上，从导弹－太空防御一体化向空天防御一体化框架设计过渡；三是在装备建设上，采用先分建后合用策略，合并机构推动武器装备通用化进程；四是在拦截方式上，出于生态安全考虑，由核拦截方式向核常结合拦截方式过渡；五是在力量部署上，以首都为重点部署战略反导力量，沿边境和内陆重要目标部署非战略反导力量；六是在理论牵引上，超前研究空天作战理论，牵引反导力量的建设与发展；七是在科研教育上，着眼未来需求，优化整合机构并吸收民间力量推动科研教育工作发展。该章还总结了俄（苏）反导力量建设的主要教训：一是俄（苏）未能有效规避《反导条约》的限制，因错误应对“战略防御倡议”在反导博弈中失分；二是俄（苏）高层决策忽视科研结论及俄（苏）军内派系斗争严重，阻碍了反导力量发展；三是武器装备通用性差及列装不及时，使反导力量难如期形成战斗力；四是反导作战指挥权不统一，难以有效应对现有及潜在空天威胁；五是院校的专业设置不符合综合性人才培养要求，科研机构人才流失制约武器装备研发进程。第六章总结俄（苏）反导力量建设的启示：一是应根据威胁加强反导力量建设的顶层设计和战略规划；二是应分步建设反导武器系统，重点研发前沿反导反卫一体技术，重点发展机动型陆基和海基反导武器；三是应合理建设反导力量的体制编制，警惕军种利益掣肘；四是应创新发展空天作战理论，积极运用非对称作战思想；五是应全面促进反导领域科教工作的开展。

关键词： 俄罗斯　反导力量　空天防御　高超声速武器

Abstract

From the 1950s to now, the development of Russian (Soviet) ABM force has gone through more than half a century. In half a century, because of its significant impact on nuclear power, the ABM force played an important strategic role in protecting Russian national security, and also affected US - Russia relations. However in recent years, the function of ABM force is expanded. Now it not only can intercept nuclear ballistic missiles, but also can intercept new types of aerospace weapons such as hypersonic weapons. Since USA withdrew from the "ABM Treaty", USA, Russia and several emerging countries began to accelerate the development of ABM force. Therefore, the ABM force entered in "a new spring" time. In this book, on one hand, we chronologically analyze the history, current situation and future of the Russian ABM force; on the other hand, we cross-sectionally study the Russia - US relations and relations among ABM force, space defense forces and air defense forces. Finally, since China is in the initial period of developing the ABM force, we also give suggestions on the strategic position, combat theory, weapons development and institutional building of Chinese ABM force.

This book contains seven parts. The introduction discusses the status-quo of domestic and foreign research, the difficulties and innovations, the purpose and significance of this study and definition of main terms involved. The first chapter studies the threat of aerospace attack to Russia, the status and role of ABM force in Russian national security. The second chapter combs the development of ABM force in

Russia (Soviet) from the date of its birth to 2015. It is divided into three stages: the initial construction period, the period of the ABM Treaty and the period after abolition of the ABM Treaty. The third chapter discusses in detail the current situation and future of Russian ABM weapon system, which is composed of ABM intercepting weapon system, ABM reconnaissance and warning system and ABM command and control system. The fourth chapter discusses the current status and future of ABM force's constitutional structure, leadership system and management system. In the fifth chapter, the author discusses three pairs' relationships—the relationship between ABM force and nuclear force, the relationship between ABM force and air defense force, and the relationship between ABM force and space force. This chapter also sums up the basic methods in the construction of Russian (USSR) ABM force: firstly, in the strategic guidance, Russia turned from symmetrical response method to asymmetric response method, and scientifically adjusted the strategic position of ABM forces; secondly, in the framework design, Russia transferred from the integration of ABM and space defense to the aerospace integration defense; thirdly, in the equipment construction, Russia adopted the combined method of separate and intergrated construction to promote the weapons and equipment's universalization; fourthly, in the way of interception, considering ecological security, the Russian ABM interception method was changed from nuclear interception to nuclear and non-nuclear combined interception; fifthly, the strategic ABM force is deployed in the capital, the non-strategic ABM force is deployed along the border and around inland important targets; sixthly, Russia advancedly studies air and space operational theory to guide the construction of ABM force; seventhly, focused on future needs, Russia integrated institutions and absorbed non-governmental power to promote the education and research. This chapter also summarizes the main lessons in the construction of Russian ABM force: firstly, Russia failed to effectively circumvent the restrictions of the ABM Treaty and wrongly responded to the " Strategic Defense Initiative " ; secondly, the neglection of scientific research conclusions and the millitary factional struggle impeded the development of ABM force; thirdly, poor versatility and delayed application of weapons and equipment diminished the effectiveness of ABM force; fourthly, the operational command power is not centralized; fifthly, the education doesn't meet the requirements of comprehensive personnel training, brain talent drain in scientific research institutions constraints the development of weapons and equipment. The sixth chapter summarizes the Russian (USSR) ABM force construction's enlightenments: firstly, focused on the threat, we should strengthen the top-level design and strategic planning of ABM force's construction; secondly, we should steply build ABM weapon system and focus on the development of anti-satellete and ABM integrated technology and mobile land-based and sea-based ABM weapons; thirdly, we should rationally build the ABM force of the system and alert obstruction form military services interests; fourthly, we should innovate the aerospace combat theory and actively use asymmetric response method; fifthly, we should comprehensively strengthen the education and scientific research in ABM field.

Keywords: Russia; ABM force; aerospace defense; hypersonic weapon

目　录

Content

图目录

绪　论

为了更好地开展研究，我们有必要先对本书的题目“俄罗斯反导力量建设研究”做出解释。该题目中的“力量”指的是兵力兵器（силы и средства）。根据《苏联军事百科全书》的定义，“力量”可以代指兵力兵器。在《苏联军事百科全书》中写道，兵力兵器是指“用于实施和保障战斗行动的分队、部队、兵团和军团的全体力量及武器装备。在军语和文献中，‘兵力兵器’这一术语可用‘力量’等代替，如战略力量”[①]。本书题目中的反导（противоракетной обороны，ПРО）指的是“探测、跟踪及拦截处于飞行中的弹道导弹及其战斗部的作战及保障行动”[②]。反导可以分为战略反导及非战略反导。因此，本书题目“俄罗斯反导力量建设研究”指的是研究俄罗斯负责探测、跟踪及拦截处于飞行中弹道导弹及其战斗部的兵力及兵器的建设情况，包括战略反导兵力兵器及非战略反导兵力兵器的建设情况。

一、研究目的与意义

俄（苏）反导力量的建设历史已达64年。俄（苏）反导力量在维持美俄（苏）战略稳定和保障俄国家安全方面一直发挥着重要作用。本书的研究目的在于以下几点。

第一，分析俄（苏）反导力量发展对俄（苏）美战略稳定关系的影

① 中国军事科学院编译：《苏联军事百科全书中译本》（第一卷），中国人民解放军战士出版社1982年版，第66页。

② Аверьянов Ю. Г.，Арсенюк Т. А. и другие，*Военный энциклопедический словарь*，Москва：издательство «ЭКСМО»，2007，с. 763.

响。在《反导条约》生效期间（1972—2003 年），俄（苏）反导力量的发展对美俄（苏）以“相互确保摧毁”制衡为基础的战略稳定关系有一定的影响；美国退约后，俄罗斯反导力量建设对美俄战略稳定关系的影响上升，因为其不仅能用于拦截美国核武器，还可能用于拦截全球快速打击武器，能在更大程度上降低美国战略威慑体系的有效性。

第二，揭示反导力量建设在俄罗斯国家安全保障体系中的地位与作用。反导力量在俄罗斯国家安全中的角色与定位正在发生重大变化，我们不能仅从 20 世纪“有限发展反导力量”的角度来研究俄罗斯反导力量的作用。20 世纪，俄罗斯反导力量的作用主要在于拦截有限的核打击；进入 21 世纪以来，俄罗斯反导力量的作用已不仅在于提升俄罗斯战略核打击和核反击能力，还在于可能成为其拦截新型空天战略进攻兵器——高超声速武器的重要“盾牌”，从而其将与战略核力量一起共同构成俄罗斯新的战略遏制体系支柱。

第三，剖析俄罗斯反导力量发展的基本规律和特点。俄（苏）反导力量建设表现出一定的规律性。比如，俄（苏）通常首先基于威胁提出反导力量建设需求，再根据作战构想研制反导武器系统，最后通过组织体制集成作战要素，形成作战能力。再比如，反导系统各子系统的发展具有遵循特定先后次序等特点。本书将通过系统梳理装备建设和组织建设的历史演变、现状和未来发展，着力揭示俄罗斯反导力量在“预警优先”原则指导下表现出来的规律性发展特征。

第四，把握俄罗斯反导力量的发展现状和未来趋势。了解反导能力位居世界第二的俄罗斯反导力量的现状和未来趋势，不仅有利于我们了解重要邻国在反导领域的军事实力，为我国维护中俄战略稳定提供重要信息，而且有利于我们了解世界反导力量的发展趋势，为我国确定反导力量的发展方向提供参考。

第五，美国退出《反导条约》为美俄反导力量建设提供了新的发展机遇，并赋予它更广泛的意义：反导系统既可作为核拦截手段，又可作为进攻力量被部署到敌国边境地区；既可用作临近空间进攻兵器的拦截工具，又可用作实施太空威慑的反卫武器。美国正在部署东亚导弹防御系统，其在日本、韩国、中国台湾等地部署的导弹防御系统对我国国家安全构成严重威胁，我国急需构建自己的反导系统。鉴于此，本书的研究意义是通过总结俄罗斯反导力量建设的经验教训，把握反导力量建设的一般规律和发展趋势，对我国反导力量的建设提供有益的启示。目前，我国反导系统正处于初建时期，反导系统的研制、作战力量的编组、空天作战构想的提出，乃至我国面临的与反导相关的裁军与军控问题，都急需科学研究的理论支撑。我们对俄罗斯反导力量建设的研究及对其经验教训的总结将为我国反导力量的发展提供重要理论“养分”。

二、国内外研究现状

（一）俄罗斯研究现状

俄（苏）学术界对反导问题的研究可分为三个时期。

20 世纪 60 年代至 1972 年，苏联学术界主要从技术角度研究反导问题。这一时期，苏联技术专家们深入研究了反导武器的技术问题。代表著作有 V. P. 莫罗佐夫的《打击空天目标》（1967 年出版）、M. N. 尼古拉耶夫的《导弹反导弹》（1963 年出版），以及 P. M. 安德烈耶夫的《反导武器与反卫武器》（1971 年出版）等。

1972—2001 年，俄（苏）学术界主要从国家安全及武器研制两个角度研究反导问题。这一时期，由于受《反导条约》的束缚，俄（苏）采取有限发展反导力量的政策，与此相应，俄（苏）学术界对反导问题的研究也不太活跃，主要限于两个方面：一是研究反导武器与国家安全的关系，代表作有 1986 年发表的由苏联“捍卫和平与反核威胁学者委员会”撰写的研究报告《大规模反导系统与国际安全》、1990 年出版的由俄罗斯科学院世界经济与国际关系研究所 A. G. 阿尔巴托夫撰写的《充分防御与国家安全》等；二是回顾反导武器发展史，代表作有 A 系列反导拦截系统副总设计师 O. V. 戈卢别夫与他人合著的两本书《俄罗斯反导系统：过去和现状》（1994 年出版）及《首都反导》（1999 年出版），防空军事指挥学院编写的专著《俄罗斯国土防空史》（1995 年出版），系统介绍了导弹 - 太空防御兵下属导弹袭击预警系统、太空监视系统、反导系统和反卫系统的武器发展及组织体制演变情况。

从 2002 年至今，俄罗斯学术界主要从武器研制、体制发展、战略稳定及空天防御等角度全面研究反导问题。美国于 2002 年退出《反导条约》，并加紧部署全球导弹防御系统，对俄罗斯核威慑能力构成严重威胁，所以俄罗斯官方及军事学术界高度关注反导问题，并拓展了研究范围，使其覆盖了武器发展史、体制演变史、美俄战略稳定（反导合作等）及空天防御等诸多方面。在反导武器发展史方面，代表作有曾任苏联防空军导弹－太空防御司令部司令的V. M. 克拉斯科夫斯基（1986—1991年）主编的《俄罗斯之盾：反导系统》（2009年出版），该书系统梳理了20世纪50年代初到20世纪末苏（俄）反导武器及反卫武器的发展历程。其他代表作还有俄（苏）无线电设备科研所研究员V. P. 马拉费耶夫撰写的专著《反导：事与人》（2008年出版）和《反导与巡航导弹》（2009年出版），基苏尼科·格利高里为其父——A系统及A－35系统总设计师G. V. 基苏尼科撰写的传记《秘密的领域》（1996年出版），E. V. 加夫里宁撰写的专著《导弹－太空防御的“古典”时代》（2008年出版），以及M. A. 佩尔沃夫撰写的专著《俄罗斯导弹－太空防御系统是这样建立起来的》（2003年出版）等。

在反导组织建设方面，俄罗斯学术界则鲜有专门的著述，能够检索到的主要是一些亲历者的回忆录，且多作为反导武器发展史的附带内容。代表作有防空军导弹－太空防御兵下属导弹袭击预警军副司令N. G. 扎瓦里主编的论文集《防御边界——太空和陆地》（2003年出版）。该书收录了36位曾在反导系统建设中发挥重要作用的高级将领和设计师的回忆文章。曾任防空军导弹－太空防御司令部司令的V. M. 克拉斯科夫斯基编写的《导弹－太空防御武器、系统及部队建设史》（2007年出版）也回顾了反导力量的组织建设历史。

在美俄战略稳定方面，俄罗斯官方智库及相关研究机构撰写了多份研究报告和专著。代表作有俄罗斯国际事务委员会主席I. S. 伊万诺夫撰写的研究报告《〈反导条约〉失效的十年：俄美关系中的反导问题》（2012年出版），俄罗斯科学院世界经济与国际关系研究所V. I. 特鲁布尼科撰写的专著《俄罗斯与美国、北约反导合作问题及前景》（2011年出版），俄罗斯科学院美国和加拿大所E. A. 罗戈夫斯基撰写的研究报告《美国导弹防御问题：威胁评估及俄罗斯的应对之策》（2008年出版）等。此外，俄罗斯科学院院士A. A. 科科申及A. G. 阿尔巴托夫等人还对反导、核武器及战略稳定的总体关系进行了基础性研究，如A. A. 科科申撰写的专著《战略稳定的维持：理论和实践问题》（2011年出版）及《战略稳定的过去和现状》（2009年出版），A. G. 阿尔巴托夫撰写的专著《冷战后的战略稳定》（2010年出版）等。

空天防御是俄罗斯近年来兴起的一个研究热点，关于此的论著不多，主要有 D. V. 莱曼撰写的专著《苏联 1956—1991 年的空天防御：建设经验和教训》（2012 年出版）及国防部第 2 中央科研所前副所长 I. V. 叶罗欣撰写的专著《空天领域及空天武装斗争》（2008 年出版）。此外，俄罗斯军事报刊也大量刊登有关反导问题的文章，这些报刊包括《空天防御》月刊、《独立军事评论》周报、《军工信使》周报及《红星报》等。

总体看来，俄（苏）军事学术界对反导问题的研究成果主要是总结反导武器的研制历史以及分析美俄战略稳定关系。其研究的不足是：其一，对反导武器发展史的研究多停留在史料收集层面，对其建设原则和本质规律鲜有涉及；其二，对反导组织体制建设历史的研究不充分、不深入，多以情况梳理和陈述为主；其三，对空天防御问题的研究仍处于宏观探索阶段，对反导与空天防御关系的研究著述较少。

（二）美国研究现状

对俄（苏）反导问题的研究离不开美国的视角，因此本书也系统梳理了美国军事学术界对俄（苏）反导问题的主要研究成果。

20 世纪 80 年代至 2002 年，美国官方和学术界主要从美俄战略稳定的视角对俄（苏）反导等问题开展对策性研究。这一时期，美国国会、官方与民间智库、前政要及相关学者都对俄（苏）反导问题展开了积极研究，既发表了对策性的研究报告，也出版了探索性的理论著作。美国国会曾就《反导条约》问题召开多轮听证会，如 1999 年美国众议院听证会讨论的研究报告《美国国家导弹防御系统与〈限制反弹道导弹系统条约〉》等。美国官方智库和前政要也对这一问题开展了对策性研究：曾担任美国前总统里根顾问并参与过美苏削减战略进攻性武器谈判的威廉·范德瓦尔斯撰写的专著《苏联战略防御倡议与美国战略防御回应》（1986 年出版）着重研究了美苏 20 世纪 80 年代的战略博弈问题；1987 年美国威尔逊国际学者中心也发表了题为《战略防御与美苏关系》的对策性研究报告。美国民间智库——霍普金斯大学高级国际问题研究院也就俄（苏）反导问题发表了多项研究成果，如米歇尔·迪恩撰写的专著《苏联战略中的战略防御》（1980 年出版）及帕罗特·布鲁斯撰写的研究报告《苏联及其弹道反导》（1987 年发表）。此外，其他民间智库也就该问题发表了诸多研究成果，如美国海军战争学院 1988 年出版的大卫·约斯特撰写的专著《苏联反导与西方联盟》系统地研究了苏联反导对北约的威胁，以及苏联应对美国“战略防御倡议”计划的情况。

从2002年至今，美国官方和学术界对俄罗斯反导问题的研究热情大大减退，关注领域仅集中在美国退约的影响以及美俄导弹防御战略关系上。代表作有美国哈德逊研究所政治军事分析中心主任理查德·维兹撰写的专著《圣彼得堡之后美俄安全合作：挑战与机遇》（2007年出版）、宾夕法尼亚州立大学斯蒂芬·西姆巴拉教授撰写的专著《导弹防御与美俄核战略》（2008年出版）。

综上所述，美国对俄罗斯反导问题的研究成果主要体现在对美俄战略关系及签署和退出《反导条约》问题的研究上。美国对俄罗斯反导力量的武器研制、体制建设及作战理论等方面的研究比较欠缺。

（三）中国研究现状

美国于2002年正式退出《反导条约》。《反导条约》的失效解除了美俄反导力量发展所受的限制，直接危及中国核威慑的有效性。因此，在美国退约前后，中国学术界开始集中研究导弹防御问题，且多以美国导弹防御系统为研究对象。目前，国内尚无研究俄罗斯反导问题的专著，仅能在对美国导弹防御系统的研究专著中见到一些零散的章节，如孙连山、杨晋辉撰写的《导弹防御系统》（2004年出版）中的第一章和第七章；徐岩、李莉撰写的《天盾：美国导弹防御系统：TMD和NMD》（2001年出版）中的第五章。另有两篇关于美俄反导博弈问题的硕士论文，分别为外交学院任国峰撰写的《美国小布什政府对俄反导政策探析》（2009年发表）及新疆大学周自龙撰写的《论美俄在导弹防御系统领域的博弈》（2010年发表）。在中国近年来出版的学术期刊中，可以检索到一些关于俄罗斯反导武器系统及体制建设的文章，但内容较为零散，不成体系。

综观国内现有研究成果，有关俄罗斯反导问题的研究还存在大量空白，特别是关于俄罗斯导弹袭击预警系统、太空监视系统及反导体制编制的发展，反导力量的战略地位，空天作战理论以及反导与空天防御系统的关系等问题亟须深入研究。

三、涉及的主要概念

鉴于俄罗斯官方和学术界在反导领域使用了一套特有的术语，且这些术语译成中文后并不能与我国相关术语一一对应。为更好地理解本书所做的研究，我们有必要解释和说明一些术语的内涵。

遏制（сдрежвание）。俄罗斯遏制的概念等同于西方国家和我国使用的“威慑”一词，即通过显示或实际给敌人造成不可承受的损失，来阻止敌人发起军事进攻行动，或在战时阻止敌人军事进攻行动升级。俄罗斯也有“威慑”（устрашение）一词，但“一般仅用于俄罗斯学术界叙述西方和美国战略时”[①]。俄罗斯官方文件和学术著作通常不使用“威慑”，而使用“遏制”这个术语。

核还击－迎击（ответно－встречный ядерный удар）及**核还击**（ответный ядерный удар）。俄罗斯核还击－迎击的术语是指在敌人对俄罗斯实施首次核打击的过程中（打击尚未完成时），俄罗斯对敌人实施核打击的回应性行动。“核还击”概念等同于我军“核反击作战”的概念，即在遭遇敌首轮核打击后使用保存下来的核力量对敌人实施核打击的行动。

空天防御（воздушно－космическая оборона，ВКО）。空天防御是指“抗击敌人来自空中与太空袭击的军队作战行动和全国性措施的总称，承担的任务包括防空、反导拦截、反卫、导弹袭击预警及太空监视任务”[②]。空天防御兵器包括反导拦截系统、导弹袭击预警系统、反卫拦截系统、太空监视系统及防空系统。空天防御兵力由各军兵种的相关部队构成。

导弹－太空防御（ракетно－космическая оборона，РКО）。导弹－太空防御是“向国家最高层报告弹道导弹及太空武器袭击的预警信息，并击退敌弹道导弹及太空武器袭击的行动总和”[③]，是空天防御的一部分。导弹－太空防御兵器主要包括反导拦截系统、导弹袭击预警系统、反卫拦截系统及太空监视系统。导弹－太空防御兵力按历史发展顺序，先后为国土防空军反导与防天兵（1967—1982年），防空军导弹－太空防御司令部（1982—1992年），防空军导弹－太空防御兵（1992—1998年），战略火箭军导弹－太空防御集团军（1998—2001年），太空兵导弹－太空防御集

① 陈学惠：《关于俄罗斯的“遏制”和“核遏制”》，《解放军外国语学院学报》2010年第4期，第64页。

② Главная редакционная комиссия вооруженных сил Российской Федерации，Военная энциклопедия в восьми томах（2－ая тома），Москва：Военное издательство，1994，с. 218.

③ Сердюков А. Э.，*Военный Энциклопедический Словарь*，Москва，2007，http：//encyclopedia. mil. ru/encyclopedia/dictionary/details. htm？ id＝14714@ morfDictionary.

团军（2001—2011 年），空天防御兵航天司令部的第 820 导弹袭击预警总中心、第 821 太空态势侦察总中心和防空反导司令部的第 9 反导师（2011—2015 年），空天军的第 820 导弹袭击预警总中心、第 821 太空态势侦察总中心和第 9 反导师（2015 年至今）。

反导（противоракетная оборона，ПРО）。反导指“探测、跟踪及拦截处于飞行中的弹道导弹及其战斗部的作战及保障行动”①。俄罗斯把反导兵器称为反导系统（система противоракетной обороны，система ПРО），包括导弹袭击预警系统（системы предупреждения о ракетном нападении）、反导拦截系统（也称反导综合体，противоракетный комплекс）及反导指挥控制系统。根据功能，“反导系统可以分为战略反导系统（防御洲际弹道导弹及潜射弹道导弹）以及非战略反导系统（防御战役战术弹道导弹及战术弹道导弹，也可称为防空反导系统）”②。其中，战略反导兵力，按历史发展顺序来说，先后主要为国土防空军反导与防天兵（1992 年升级为防空军导弹 - 太空防御兵）中的导弹袭击预警师（军）及反导军、战略火箭军导弹 - 太空防御集团军中的导弹袭击预警师及反导师（1998—2001 年），太空兵导弹 - 太空防御集团军中的导弹袭击预警师及反导师（2001—2011 年），空天防御兵航天司令部的第 820 导弹袭击预警总中心及第 9 反导师（2011—2015 年），空天军的第 820 导弹袭击预警总中心和第 9 反导师（2015 年至今）。

防空（противоздушная оборона）。防空是指“击退敌空中进攻并保护设施、居民及部队免受空天袭击的行动及措施，是空天防御的一部分”③，“防空包括非战略反导、反飞机及反巡航导弹”④。

太空防御（противокосмическая оборона）。太空防御是指“探测、打击（使失效、干扰）敌航天器，以获取太空控制权、抗击敌太空进攻

---

① Аверьянов Ю. Г.，Арсенюк Т. А. и другие，*Военный энциклопедический словарь*，Москва：издательство «ЭКСМО»，2007，с. 763.

② Сердюков А. Э.，*Военный Энциклопедический Словарь*，Москва，2007，http：//encyclopedia. mil. ru/encyclopedia/dictionary/details. htm？ id = 14714@ morfDictionary.

③ Главная редакционная комиссия вооруженных сил Российской Федерации，*Военная энциклопедия восьми томах*（*7 - ая тома*），. Москва：Военное издательство，2003，с. 33.

④ Рогозин Дмитрий，*Война и мир в терминах и определениях*，издательство «ПоРог»，2004，www. voina - i - mir. ru/article/304.

并保障己方太空武器系统生存力的行动及措施”①。

太空兵器，也可以称为太空武器，（космическое вооружение）和太空兵力（космические силы）。太空兵器是指“在空间或自空间执行军事任务的武器系统”②，包括导弹袭击预警卫星系统、反卫武器系统、太空监视系统、军事导航卫星、军事侦察卫星等。太空兵力是指“各军兵种中使用太空武器的部队，用于遏制敌人在太空或自太空的进攻，以防止敌人获得战略太空领域的优势”③。

需要说明的是，俄罗斯的“反导”概念与美国的“导弹防御”（missile defense）概念的含义相同。本书在提及美国时，使用导弹防御术语；在论述俄罗斯（苏联）时，使用反导这一术语。

在本书研究过程中，我们注意到，俄罗斯的反导武器与太空武器、反导与防空的术语内涵交叠。第一，导弹袭击预警卫星既属于反导武器，又属于太空武器。另外，由于太空武器中的太空监视系统具有导弹袭击预警功能，为导弹袭击预警指挥中心提供补充预警信息，因此我们在研究反导武器时，把太空监视系统纳入研究范畴。第二，反导、防空及防空反导术语之间的关系。俄罗斯的防空反导是一个笼统的概念，包括防空及反导。有时防空与反导的术语内涵交叠：非战略反导既属于防空，又属于反导。例如，同时具备拦截气动目标（巡航导弹、飞机等）及弹道导弹能力的S－300PMU1、S－300VM及S400系统，既可以被称为地空导弹武器系统、非战略反导系统，也可被称为防空反导系统。

四、研究思路及方法

本书以研究“俄罗斯如何建设反导力量”为主线，以研究反导的战略地位及反导力量的历史演变为开篇内容，以研究反导武器发展和体制发展为重点内容，最后探究反导建设中应重点处理的三组关系，总结反导力

---

① Рогозин Дмитрий, *Война и мир в терминах и определениях*, издательство «ПоРог», 2004, www. voina－i－mir. ru/article/305.

② Главная редакционная комиссия вооруженных сил Российской Федерации, *Военная энциклопедия в восьми томах* （*2－ая тома*）, Москва: Военное издательство, （4－ая тома）, 1999, c. 226.

③ Главная редакционная комиссия вооруженных сил Российской Федерации, *Военная энциклопедия в восьми томах* （*2－ая тома*）, Москва: Военное издательство, （4－ая тома）, 1999, c. 227.

量建设的基本做法和主要教训，并提出对我国反导力量建设的启示和借鉴。本书主要采用历史分析法、定性分析法及经验总结法，全面梳理俄（苏）反导力量的发展脉络，深入分析其本质规律，系统总结其经验教训。

五、重点、难点与创新

本书的重点是研究俄罗斯反导武器与组织体制建设的现状及未来趋势、基本做法和主要教训；揭示俄罗斯反导力量在国家安全保障中的战略地位变化。

本研究的难点：一是主要依靠外文资料，需要花费大量时间和精力进行摘译和梳理；二是研究对象涉及军事战略、体制编制、武器装备系统及作战运用，几乎涵盖军事科学的各个领域，需要深厚的军事知识功底，其中，关于武器系统的研究还需要具备一定的理工科知识。

本研究的创新之处：一是揭示反导力量在保障俄罗斯国家军事安全中的战略地位与作用，这在国内外研究中还不多见；二是归纳总结俄（苏）反导武器及组织体制建设的基本做法和经验教训，这在国内外的相关研究中也不多见；三是总体判断俄罗斯反导武器及组织体制的发展趋势，具有前瞻性，在国内外尚未见对这方面的系统研究；四是厘清俄（苏）反导与防空及反卫的关系，在国内外尚未见有对这方面的专门研究；五是就完善我国战略威慑体系、应对裁军与军控挑战，以及建设反导武器系统和组织体制提出建议，这在国内还属空白点。

第一章　俄罗斯反导力量与国家安全保障

反导力量在保障俄（苏）国家安全中一直发挥着极其重要的作用，并且这一作用随着总体形势的变化而变化。自苏联具备反导能力以来，俄（苏）一直把反导力量作为应对核进攻威胁的重要手段。海湾战争后，俄罗斯逐渐把反导力量视为应对空天一体化进攻威胁的重要手段。本章主要讨论当前及未来俄罗斯国家安全面临的相关威胁，以及反导力量在俄国家安全保障中的地位与作用。

第一节　俄罗斯国家安全面临的空天一体进攻威胁

俄罗斯面临的空天进攻威胁决定了俄罗斯反导力量的地位和作用。俄罗斯当前面临的空天进攻威胁主要发生在空中和太空相对分离的两个空间，包括核弹道导弹威胁、战役战术弹道导弹威胁、反卫威胁及空中进攻威胁。俄罗斯未来面临的空天进攻一体化威胁则将发生在空中和太空一体的整体空间。由于俄罗斯当前面临的空天进攻威胁已经比较明了，本节将重点分析俄罗斯未来将面临的空天进攻威胁。

俄罗斯专家普遍认为，2020—2030年，“俄罗斯面临的最主要威胁将是来自空天的一体化进攻威胁”①。原因有以下几个方面：一是自海湾战

---

① Зелин Александр Николаевич, “Роль воздушно - космической обороны в обеспечении национальной безоп - асности Российской Федерации”, *Независимое военное обозрение*, февраль 2, 2008, www. warandpeace/ru/ru/analysis/view/19578/.

争以来，在局部战争中，空天进攻威胁的比重不断上升，“使用空天袭击兵器进行‘斩首式打击’已成为主要的作战方法”①；二是美国研制的临近空间高超声速武器未来将使空天进攻呈现一体化特征；三是俄罗斯国土辽阔，使用地面进攻力量难以对俄国家生存构成严重威胁，而使用空天袭击兵器则能给俄带来灭顶之灾。俄罗斯面临的空天一体化威胁具体表现在以下几个方面。

一、俄罗斯面临性能更强的弹道导弹威胁

（一）俄罗斯将面临突防能力更强的核弹道导弹威胁

俄罗斯专家认为，“目前美国、英国、法国、中国、巴基斯坦、印度、以色列乃至朝鲜均成了有核国家。未来如果伊朗也能成功研制核武器的话，这些国家将对俄罗斯构成几乎完全闭合的核包围圈”②。并且，由于各国不断提升弹道导弹的末端机动能力以及携带分导式多弹头与其他诱饵的能力，俄罗斯面临的高性能核弹道导弹威胁将急剧上升。这些高性能核弹道导弹威胁主要来自美国、英国、法国和中国，最可能是来自美国。

（二）俄罗斯面临的非战略弹道导弹威胁将不断上升

俄罗斯学界认为，首先，北约在欧洲部署非战略弹道导弹以及末段高空区域导弹防御系统（拦截弹可改装成进攻性的中程弹道导弹），使俄罗斯在西部、西南及西北部方向面临的非战略弹道导弹威胁不断上升。特别是在北约东扩和乌克兰危机背景下，俄罗斯面临的此种威胁尤为突出。其次，中国非战略弹道导弹性能的快速提升，也使俄罗斯在东部方向面临来自中国的不断上升的非战略弹道导弹威胁。最后，由于导弹技术扩散，“目前，至少有 30 个国家（7 大有核国家除外）拥有非战略弹道导弹”③，未来更多的国家甚至恐怖组织都将拥有非战略弹道导弹，这将使俄罗斯在南部方向面临的来自中东、高加索、南亚等地区的非战略弹道导弹威胁不断上升。

---

① Александр Тарнаев. “Кто защитит наше небо”, *Военно – промышленный курьер*, No. 32, 2013, http: //vpk – news. ru/articles/17139.

② Бойцов Маркелл Федорович, “Калькулятор стратегического сдерживания”, *Независимое военное обозрение*, сентябрь 9, 2012, http: //nvo. ng. ru/armament/2012 – 08 – 31/8_ calcultor. html.

③ Василенко В. В. , “К какой войне готовиться?”, *Воздушно – Космическая Оборона*, No. 3, 2010, http: //www. vko. ru/strategiya/k – kakoy – voyne – gotovitsya.

二、俄罗斯面临新型反卫武器的威胁

太空威胁一直是俄罗斯国家安全面临的主要威胁。美国自2001年退出《反导条约》后，加大了与反导密切相关的反卫武器建设力度。美国在“2001—2002年开始形成其太空武器政策”[①]，提出发展以反卫武器为主体的太空武器；2003年，《美国空军转型飞行计划》提出发展空基反卫导弹及反卫激光器；2005年，美国提出“近地红外试验”项目，项目研发的携带小型弹头的卫星能同时用于反导和反卫。当前，美国正在实施“凤凰”项目，该项目“发送‘拆星飞船’进入太空，飞船通过其拆卸卫星的技术能够捕捉、拆毁或攻击别国卫星”[②]。

并且，美国研制的大部分新型反导武器，如携带导弹或激光器的卫星、空间站以及宇宙飞船和“标准-3”系列导弹防御系统等，都将同时拥有反卫能力。20世纪下半叶，俄（苏）主要面临分别来自美国导弹防御与反卫武器的威胁；进入21世纪后，俄罗斯将面临来自美国反导和反卫武器的一体化威胁。

三、俄罗斯面临临近空间高超声速武器的威胁

美国正在推进“全球快速打击”计划，其主要打击手段是临近空间高超声速武器。美国“每年为全球快速打击计划拨款1亿多美元”[③]，计划在2020—2030年部署该计划中的武器。世界其他国家，如德国、法国、英国和中国等也已开始研制此类武器。

临近空间是指距地球30—120千米、介于空中和太空之间的空间。这一区域的环境特征是有空气，但空气稀薄。因此兵器在临近空间飞行时因

---

① А. А. Кокошин. *Политико - военные и военные - стратегические проблемы национальной безопасности России и международной безопасности*, Москва: Издательский дом Высшей школы экономики, 2013, с. 159.

② 东森军事研究部：《空天作战或拉开序幕：美军X-37B多次飞临朝鲜》，《国际军工研究》2012年第15期，第12页。

③ Вячеслав Фадеев, “Угрозы безопасности России растут”, *Воздушно - Космческая Оборона*, No. 4, 2006, http://www.vko.ru/koncepcii/ugrozy-bezopasnosti-rossii-rastut.

受空气阻力较小，速度可达3马赫到20马赫；又因空气的存在，很难预测到其弹道轨迹。高超声速武器是指飞行速度大于5马赫，即时速达到6000千米的武器。因此，临近空间高超声速武器具有飞行速度快和非弹道运动的特点。俄罗斯现有空天防御力量无法对其实施有效的预警与拦截。

携带末端机动弹头的新型弹道导弹、反卫反导通用武器以及临近空间高超声速武器等新型空天袭击兵器的出现，使空天作战的空间逐步融为一个整体，俄罗斯面临空天进攻一体化威胁的特点越来越明显。

第二节　反导力量在国家安全保障中的地位与作用

自1953年至今，反导力量在俄（苏）国家安全保障中一直占据着重要的战略地位，发挥着重要作用。并且，这一地位和作用随着世界形势和俄（苏）面临威胁的变化而变化。

一、反导力量在国家安全保障中的地位

因俄（苏）在不同时期面临威胁和反导力量发展水平的不同，反导力量在俄（苏）国家安全保障中的地位发生了多次变化。

（一）反导力量地位U字形的历史变化

根据俄（苏）面临的威胁变化，俄（苏）高层曾多次调整反导力量的战略地位，使反导力量的战略地位变化呈现U字形特征。这一变化具体分为三个阶段：一是从1953年到20世纪60年代中叶，苏联认为，反导力量具备彻底瓦解核力量的潜力，欲将其作为与核力量地位相等的另一支战略遏制力量，将反导力量置于极其重要的战略地位；二是从20世纪60年代中叶到20世纪末，俄（苏）认识到，反导力量实际无法有效应对分导式多弹头核弹道导弹，无法完全有效拦截核打击，于是降低了反导的战略地位，仅把其作为提高核力量生存率的辅助工具；三是从2004年至今，由于美国提出以临近空间高超声速武器为主的“全球快速打击”计

划，俄罗斯认为反导力量可以成为应对以临近空间高超声速武器为主的空天一体打击武器的主要手段，再次提升了反导力量的战略地位，使其成为空天防御力量的主体。

（二）当前反导力量在俄国家安全保障中的地位

战略遏制是俄罗斯国家安全保障的主要手段。俄罗斯战略遏制所使用的力量有两种分类方法：一种是产生于20世纪50年代初核力量诞生时期的传统分类方法，即将战略遏制力量划分为战略核力量和非核战略遏制力量两个部分；另一种是产生于20世纪末的新型划分方法，即将战略遏制力量划分为战略进攻力量和战略防御力量两个部分。后一种划分方法产生的主要原因是，以反导和反卫为核心的空天防御力量获得了空前的发展，在未来信息化战争中能够瘫痪体系节点，具备了与战略核力量相当的战略遏制能力。在新型划分方法中，战略进攻力量“以战略核力量为主体，还包括常规战略力量”①；战略防御力量就是空天防御力量，“以导弹－太空防御力量为主体，还包括防空力量”②。由于导弹－太空防御力量包括战略反导力量，防空力量包括非战略反导力量，因此我们认为，由战略反导力量和非战略反导力量构成的反导力量是空天防御战略遏制力量的主体之一，这就是反导力量当前在俄罗斯国家安全保障中的地位。

二、反导力量在国家安全保障中的作用

反导力量在俄罗斯国家安全保障中的作用受到俄罗斯所面临威胁的决定性影响。随着俄罗斯面临威胁的变化，反导力量在俄国家安全保障中的作用也在不断调整。总的来看，反导力量的作用主要体现在应对俄罗斯所面临的核威胁、太空威胁、常规弹道导弹威胁和临近空间高超声速武器威胁四个方面。其中，应对核威胁和太空威胁是反导力量的传统作用，应对常规弹道导弹威胁和临近空间高超声速武器的威胁可被视为反导力量的新兴作用。

（一）反导拦截力量有助于提升核遏制能力

在应对核威胁方面，反导力量能够通过拦截来袭的核弹道导弹，提高

---

① Словарь военной энциклопедии, http://encyclopedia.mil.ru/encyclopedia/dictionary/details_rvsn.htm?id=14378@morfDictionary.

② Словарь военной энциклопедии, http://encyclopedia.mil.ru/encyclopedia/dictionary/details_rvsn.htm?id=14378@morfDictionary.

俄罗斯核生存率，进而提升核遏制能力。俄罗斯核行动包括先发制人核打击、核还击和核还击－迎击三种方式。反导力量的这一作用主要体现于俄核还击和核还击－迎击行动中。俄核遏制能力不仅取决于其核力量的强弱，更取决于其遭遇核打击之后的核生存率。俄罗斯著名核物理学家和科学院院士 U. A. 特鲁特涅夫认为，反导能力能够提升核遏制能力，并推导出具体的关系式。核遏制能力（E）计算的方法是：

$$E = \varepsilon \frac{1}{a} \cdot \frac{1}{\beta}$$

他认为，核遏制能力取决于三个参数：

一是给对方造成“难以承受损失”所需的核威力（用ε表示）；

二是遭遇首次核打击之后核力量的生存能力（α）；

三是核力量突破敌反导、反卫和防空系统后的生存能力（β）。

E 表示俄为保持有效核遏制所需要部署的核力量总数。[①]

俄罗斯著名军事专家弗拉基米尔·别洛乌斯称，当前，俄罗斯给美国造成“难以承受损失”的核遏制能力标准（ε）是俄罗斯确保能有 25 枚核弹头成功落到美国领土。他称：“美国拥有 25 个超过 100 万人口的城市。俄罗斯如果能有 25 枚核弹头对这 25 个城市实施报复性打击，就能给美国造成‘难以承受的损失’，使美国不敢对俄罗斯实施先发制人的核打击。”[②]

根据俄罗斯现有的核力量生存概率（α）及核突防能力（β），俄罗斯最终能够成功打击到美国本土目标的核弹头（ε）约占其核弹头部署总数量（E）的 2%。因此，为保障对美国拥有 25 枚核弹头的实际打击效力，俄罗斯至少需要部署大约 1500 枚核弹头。这一数字约等于美俄最新达成的核裁军数字双方各最多可实际部署 1550 枚核弹头。另外，根据上述公式，如果俄罗斯反导能力能得到提升，“2%”的比例也将得到提升，为保持核遏制能力而需要实际部署的核弹头数量将可以缩减，俄罗斯在核裁军中将能拥有更灵活的空间。

---

① А. А. Кокошин. *Проблемы обеспечения стратегической стабильности: Теоретические и прикладные вопросы*, Едиториал УРСС, 2011, с. 49－50.

② Владимир Белоус: Сдерживание и концепция применения ядерного оружия первыми, http://viperson.ru/wind.php?ID=325635.

（二）导弹袭击预警力量能够提升核运用效力

俄罗斯导弹袭击预警系统的指挥中心在为反导拦截行动提供导弹袭击预警信息的同时，也为核行动提供来袭导弹预警信息。快速准确的导弹预警信息能为高层决策提供尽可能多的时间，从而提升核运用效力。这一作用在俄罗斯采取核还击－迎击行动中尤为凸显。由于俄罗斯军政高层需要在敌武器击中己方目标前做出是否对此进行核还击－迎击行动的决策，而敌战略核弹道导弹飞行的时间为15—30分钟，所以高效及时的威胁预警信息显得尤为重要。在这一行动中，俄罗斯导弹袭击预警系统和反导拦截系统的侦察与目标指示雷达通常在敌核弹道导弹发射2—4分钟后就能判断出威胁的性质，并发出警报，为军政领导层尽早做出核还击－迎击行动决策争取了宝贵的时间。并且，在军政领导层做出决策后，导弹袭击预警系统和反导拦截系统的侦察与目标指示雷达还继续为核还击－迎击行动提供即时的目标坐标信息。

此外，在核还击和核还击－迎击行动中，及时准确的导弹袭击预警信息还使俄罗斯能对核武器（如陆基机动型核武器）及时采取隐蔽和机动等措施。

（三）反导力量能够“掩护”反卫力量发展

从20世纪中叶起至今，在导弹－太空防御一体化发展原则指导下，俄（苏）反导与反卫力量无论在装备发展还是组织建设上始终融为一体：在装备发展方面，俄（苏）反导武器与反卫武器一直是“捆绑”发展，也就是说，俄（苏）同步发展导弹袭击预警系统、反导拦截系统、太空监视系统及反卫拦截系统，使它们相辅相成、相互促进。其中，反导武器极大带动和辅助了反卫武器的发展。例如，导弹袭击预警系统及反导拦截系统的目标指示雷达不仅为太空监视系统提供补充的预警信息，而且为其提供研制的技术基础；地基中段反导拦截系统和高性能的非战略反导系统都具备拦截卫星的能力等。美国退出《反导条约》后，俄罗斯进一步加快了反导武器与反卫武器的同步发展步伐，开始重点发展激光器及天基动能等新型反导反卫通用武器。在组织建设方面，从20世纪中叶至今，俄（苏）导弹－太空防御部队（反导部队及反卫部队）一直合并发展。

（四）反导力量拦截常规弹道导弹的作用将提升

俄罗斯战略反导力量规模有限，目前还不便用于拦截常规战略弹道导弹。但未来，这方面的作用可能会提升。美国曾计划把“三叉戟－2”型潜射战略弹道导弹的核弹头改装成常规弹头。由于2010年美俄两国签订了新的《削减和限制进攻性战略武器条约》（简称《新削减战略武器条约》）对战略弹道导弹总数做出限制，为使战略弹道导弹尽可能多地携带核弹头，美国才取消了这一计划。但这一“核改常”的现象未来可能再现，届时，俄罗斯反导力量将可能用于执行相应的任务。

自海湾战争以来，参战国使用战役战术弹道导弹的比例不断上升，俄罗斯反导力量在拦截战役战术弹道导弹方面的作用也在提升。为加强拦截战役战术弹道导弹的能力，俄罗斯自1993年开始大力发展非战略反导力量，至今已沿边境和在首都地区大量部署了这一力量，未来将进一步加强部署。此外，随着弹道导弹技术不断扩散，恐怖主义组织使用弹道导弹发射化学、生物等大规模杀伤性弹头的威胁不断上升，俄罗斯反导力量在应对这一威胁上的作用也在不断提升。

（五）反导力量将用于拦截临近空间高超声速武器

由于俄罗斯现有空天防御兵器均无法拦截高超声速武器，俄罗斯已将在研的新一代S－500防空反导武器及A－235战略反导武器作为未来拦截临近空间高超声速武器的主要手段。根据设计，S－500非战略反导系统将能拦截射程为5000千米、速度为7千米/秒的临近空间高超声速武器；A－235战略反导系统可以使用S－500的77N6型拦截弹拦截临近空间高超声速武器。

总之，反导力量在俄罗斯国家军事安全保障中的地位与作用正在不断提升。在超越核遏制的新历史时期，反导将成为俄美战略竞争与博弈的新领域。此外，反导力量具有核力量所不具备的实战功能，在信息时代的新一轮军事竞争中将是俄罗斯后来者居上、有效化解美国军事优势的非对称武器，可有效提升俄罗斯非核遏制能力和打赢未来信息化战争的能力。

第二章 俄（苏）反导力量建设历史沿革

从 1953 年苏联启动反导力量建设至今，俄（苏）反导力量建设已经历了半个多世纪的风雨。其建设进程不仅受到科技发展水平和国家经济政治形势等内部因素的影响，而且受到威胁变化及裁军条约等外部因素的影响。根据俄（苏）反导系统建设进程的特点，大致可将其划分为三个阶段，即初建时期（1953—1972 年）、缔约时期（《反导条约》生效期，1972—2001 年）及废约时期（2001 年至今）。

第一节 初建时期：反导拦截力量领先于他国

20 世纪 50 年代初，随着弹道导弹技术的发展，美苏在研的洲际弹道导弹的射程都超过了 5500 千米。这意味着美苏双方的洲际弹道导弹都能轻松将核弹头发射到对方领土上，对双方的国家安全构成致命威胁。由此，美苏双方都开始考虑研制反导武器。1953 年，以 V. D. 索科洛夫斯基为首的 7 名苏联元帅联名给苏共中央写信，请求尽快建设苏联的反导系统。苏联高层对此高度重视，于 1956 年正式下达《关于建设反导系统能力的命令》（苏共中央和部长会议 1956 年 2 月 3 日联席会议颁布的第 170 -101 号命令）及《关于研究拦截远程导弹方法的命令》（苏联部长会议 1956 年 8 月 18 日颁布的第 1160 -596 号命令），并指定在防空建设方面拥有丰富经验的第 1 设计局为研制机构。

一、苏联反导武器系统各子系统的初建

反导系统包括反导拦截系统、导弹袭击预警系统以及指挥控制系统。由于太空监视系统同时为导弹袭击预警系统提供预警信息，因此我们把太空监视系统也纳入研究范畴内。

（一）反导拦截系统的研制与列装

1. A系统的研制

根据苏共中央和部长会议命令，苏联第1设计局于1956年开始开展反导拦截系统——A系统的研制工作。在G. B. 基苏尼科总设计师的带领下，第1设计局新成立的第30试验设计局专司A系统的研制。经过几年的努力，到1961年3月4日，A系统取得首次试验的成功。在试验中，A系统的"多瑙河－2"雷达在距靶弹R－12落地点975千米处（已飞行1500千米）和460千米的高度发现靶弹，并用V－1000拦截弹在25千米的高空以破片杀伤方式成功摧毁靶弹。

A系统的构成包括："1座'多瑙河－2'远程预警雷达站、3座精确跟踪雷达站、1座拦截弹引导雷达站、1个指令发送站、1个发射阵地和1个指令计算中心。"① A系统的V－1000拦截弹射程为55千米，平均速度1000米/秒，可在发射55秒钟后抵达55千米的高空，并能在22—28千米的高空实施机动，弹头毁伤半径达75米。"该拦截弹的破片杀伤战斗部为16000个圆珠，每个圆珠的薄钢外皮内装碳化钨炸药，弹头爆炸后，圆珠向四周高速散射，速度可达170米/秒，能够击穿来袭弹头。"②"多瑙河－2"米波段远程预警雷达的探测距离为1200千米，"误差为距离1千米，方位0.5度"③。指令计算中心使用M40和M50计算机，M40的计算速度为4万次/秒；M50为M40的升级版，计算速度为5万次/秒。

---

① Красковский В. М. и Остапенко Н. К., *Щит России: системы противоракетной обороны*, Москва, 2009, с. 104.

② Красковский В. М. и Остапенко Н. К., *Щит России: системы противоракетной обороны*, Москва, 2009, с. 122－123.

③ Красковский В. М. и Остапенко Н. К., *Щит России: системы противоракетной обороны*, Москва, 2009, с. 113.

此次成功试验的意义重大：其一，该试验是人类首次反导试验，与人类首次发射人造地球卫星和将航天员送入太空具有同样重要的意义，美国1984年才首次成功进行非核反导拦截试验，比苏联晚了23年；其二，该试验证明反导武器能够拦截核弹道导弹，由此打开了苏美维护战略稳定的思路，使苏美不再仅依靠核威慑维护战略稳定，而是将反导武器也作为战略稳定的重要因素；其三，采用破片杀伤拦截方法的A系统在某些核心技术（如精确制导）上比苏联后来采用核拦截方法的A-35、A-135系统更为先进。

2. A-35系统的研制与列装

20世纪50年代后期，美国启动“大力神-2”“民兵-2”单弹头洲际弹道导弹的研制工作，苏联开始面临美国洲际弹道导弹的现实威胁。因此，苏共中央于1958年4月8日下达了研制A-35系统的命令，并指定由基苏尼科继续担任总设计师。苏联高层明确指出，A-35系统的主要任务是保护莫斯科免遭美国多批洲际弹道导弹（单弹头）的攻击，因此A-35系统应部署在莫斯科周围且掩护范围应达400平方千米。采用核拦截弹的A-35系统于1962—1965年进行了多次成功试验，于1965年开始列装。

（二）首批导弹袭击预警雷达站的研制与列装

反导拦截系统需要导弹袭击预警系统提供关于来袭导弹的预警信息。于是，苏联高层于1961—1962年做出一系列关于启动导弹袭击预警系统建设的决定。决定明确指出，导弹袭击预警系统由预警卫星、预警超视距雷达和预警视距雷达三个梯队构成。三个梯队能够对来袭导弹等目标进行全弹道、全时段的侦察探测：预警卫星作为第一梯队（天基梯队），通过卫星感知导弹发射尾焰的红外信号探测处于上升段的目标，能在第一时间定位来袭目标，探测距离最远，精度最低；预警超视距雷达作为第二梯队（地基天波超视距），利用电离层反射的导弹信号探测继续飞行的目标，探测距离居中，精度居中；预警视距雷达作为第三梯队（地基视距），利用电磁反射原理探测近距离目标，探测距离最近，精度最高。

苏联同时开展导弹袭击预警系统三个梯队的研制与建设工作。其中，预警超视距雷达和视距雷达最先研制成功并部署。到20世纪60年代中叶，苏联在尼古拉耶夫市（现属乌克兰）建成了首座“弧-N”型预警超视距雷达站，能够探测来自中国和太平洋的导弹发射（一次能跟踪 4 枚导弹）。1964 年，苏联开始在摩尔曼斯克（现属俄罗斯）和里加（现属拉脱维亚）建设两座“德涅斯特 - M”预警视距雷达站，代号分别为 RO - 1 和 RO - 2，用于探测来自北方和西北方的来袭弹道导弹。为了统筹导弹袭击预警系统的指挥与控制，苏联还在莫斯科市郊的索尔涅奇诺戈尔斯克建设了导弹袭击预警指挥中心。

（三）首批太空监视雷达站建成

1957 年，苏联成功发射世界首颗人造地球卫星。此后，苏美竞相进行太空开发，不仅向太空发射侦察卫星，还计划向太空发射反卫星武器。苏联于 1960 年正式下达命令，开始研制代号为“歼击卫星”的反卫星武器。

反卫星武器的研制工作，首先需要解决测定敌方卫星轨道参数的问题。为此，苏联高层于 1962 年 11 月正式下达了《关于建立国家太空监视局的命令》，要求建设太空监视系统，并指定由国防部第 4 总局下属第 45 科研所承担研制任务。第 45 科研所最初采用光学监测站的思路建设太空监视系统，但未能达成预期目的。由于苏联科学院无线电技术研究所研制的“德涅斯特”导弹袭击预警视距雷达也能探测低轨道卫星，所以苏联于 1964 年改用“德涅斯特”系列雷达建成了两个太空监视雷达站，即伊尔库茨克太空监视雷达站（代号 OS - 1）和巴尔喀什的古里沙特太空监视雷达站（代号 OS - 2）。

这一时期的太空监视系统，实际就是这两座太空监视雷达站。1966 年 11 月，苏联在第 45 科研所内成立了太空监视中心，负责指挥这两座太空监视雷达站。太空监视中心一方面负责监视卫星，将所获取的信息发送给设在诺金斯克的反卫指挥所；一方面负责监视来袭导弹，把信息发送给导弹袭击预警指挥中心。

二、在国土防空军组建反导与防天兵

由于来自美国的导弹威胁与日俱增，苏联希望反导系统能够早日担负战斗值班。因此，在反导系统首批武器尚未完全部署到位的情况下，苏联于 1967 年就在国土防空军编成内组建了首支反导部队，即反导与防天兵（Войска ПРО и ПКО）。反导与防天兵是国土防空军内的独立兵种，下辖 1 个反导军和 1 个导弹袭击预警师。组建之时，反导军配属的 A - 35 反导

拦截系统尚未完成列装（直到 1974 年才完成），导弹袭击预警师也仅建成了 1 座“弧 – N”预警超视距雷达站。直到 1970 年 8 月 25 日，首批两座预警视距雷达站 RO – 1 和 RO – 2 以及导弹袭击预警指挥中心才正式建成。“1971 年 2 月 15 日，导弹袭击预警师开始担负战斗值班，负责监视北方和西北方向的来袭导弹。”①

1970 年 3 月 5 日，太空监视中心脱离第 45 科研所转隶反导与防天兵。1972 年，反导与防天兵把太空监视中心升格为太空监视师，至此反导与防天兵共下辖 1 个反导军、1 个导弹袭击预警师和 1 个太空监视师。

总的来看，初建时期的苏联反导武器及组织体制建设成果可圈可点。在反导武器方面，反导拦截系统的技术水平领先美国 10 年以上，导弹袭击预警系统及太空监视系统初步具备了探测来自远东及太平洋、北方、西北方及西南方向来袭导弹的能力。在组织体制方面，反导与防天兵已经开始担负导弹袭击预警和太空监视等战斗值班任务。

第二节　缔约时期：反导力量达到顶峰后进入缓慢发展期

苏联于 1965 年开始部署 A – 35 反导拦截系统，使苏联拥有了对美国的反导优势。于是，美国产生了通过签订《反导条约》限制苏联反导系统发展的想法。1967 年，美国国防部部长麦克纳马拉向苏联部长会议主席柯西金提出了相互限制反导系统发展的建议。与此同时，苏联部分专家也认为，美苏开展反导竞赛不利于战略稳定。因此，苏联高层接受了美方的提议，于 1972 年 5 月 26 日与美国签署了《美苏限制反导系统条约》（简称《反导条约》），并于 1974 年 7 月 3 日签署了《〈美苏限制反导系统条约〉备忘录》（简称备忘录）。该条约及备忘录对苏（俄）反导系统的发展产生了重大影响。《反导条约》的生效时期是 1972—2001 年，我们称这段时间为缔约时期。

① Завалий Н. Г. , *Рубежи обороны—в космосе и на земле*, Москва：ВЕЧЕ, 2004, с. 148.

一、20世纪80年代中期反导能力达到顶峰

1972—1985年，苏联反导能力发展至历史顶峰。1985—1991年，由于苏联经济政治形势恶化，苏联反导能力开始走下坡路。

（一）反导系统的发展

《反导条约》及其备忘录规定，美苏只能各选择在首都或洲际弹道导弹基地附近部署一套反导拦截系统，拦截弹总数不得超过100枚；并禁止研制和部署陆基机动型和海基、空基以及天基反导拦截系统；导弹袭击预警视距雷达站只能部署在本国边境地区。这对苏联反导系统的发展产生了重大影响：其一，由于只能部署一套反导拦截系统，而当时苏联A-35系统的部署已接近完工，为节约成本，苏联选择继续完成A-35系统，放弃研发其他反导拦截系统，从而逐渐丧失了在反导拦截领域的巨大优势；其二，因导弹袭击预警雷达站只能部署在苏联境内周边地区，苏联解体后多个导弹袭击预警雷达站散落到俄罗斯境外，如在拉脱维亚、乌克兰和阿塞拜疆境内的雷达站。

1971—1972年，在《反导条约》的框架内，苏联高层对反导系统的发展做出了如下规划：一是要求A-35系统具备拦截8枚分导式多弹头的能力，并要求A-35系统的"多瑙河-3U"目标指示雷达能够探测美国部署在欧洲的"潘兴Ⅱ"式中程导弹；二是重点发展导弹袭击预警系统及太空监视系统（以及反卫系统），有限发展反导拦截系统。因为反导拦截系统不仅能力有限，而且发展受《反导条约》的限制较大，所以苏联高层将发展重点从反导拦截系统转向导弹袭击预警系统及太空监视系统。苏联高层于1972年1月18日下令，新建3座导弹袭击预警视距雷达站（代号分别为RO-5、RO-3及RO-7）及2座导弹袭击预警超视距雷达站（分别位于切尔诺贝利市和阿穆尔河畔共青城市），并为摩尔曼斯克市RO-1雷达站配置"达乌加瓦"雷达。1974—1978年，苏联高层密集下达了多项加快太空监视系统发展的命令，规定研制和部署"窗口"高轨道太空目标监视系统、"树冠"太空目标无线电光学监视系统及"先锋"光学测量与监视系统。

1. 反导拦截系统的发展

苏联高层对A-35系统提出的新要求迫使科研制部门不断改进其性

能，致使其“直到 1974 年才完成列装”[①]。A－35 系统的构成包括：1 个指令计算中心（使用 55E92B 计算机）、1 个“多瑙河－3U”目标指示雷达站、1 个“多瑙河－3M”远程预警雷达站以及 8 个拦截弹发射阵地。每个发射阵地部署 2 部目标指示雷达、携载核弹头的 A350 拦截弹以及数据传输系统（5Zh53）。系统性能：可拦截 8 枚单弹头弹道导弹，拦截距离 130—350 千米，拦截高度 50—400 千米。与 A 系统相比，A－35 系统的拦截高度和距离均扩大了 20 倍，弹载设备抗干扰力更强；“多瑙河－3U”雷达探测距离比 A 系统的“多瑙河－2”雷达探测距离更远。

由于“A－35 系统拦截弹只能拦截 8 枚单弹头弹道导弹，无法拦截携带分导式多弹头的弹道导弹”[②]，苏联政府于 1978 年命令将 A－35 系统升级为 A－35M 系统，但 A－35M 系统拦截带分导式多弹头弹道导弹的能力仍十分有限。于是，苏联将反导拦截的任务主要寄托于第二代反导拦截系统——A－135 系统。A－135 系统于 1971 年 6 月 10 日开始研制，因苏联解体等不利因素，直到 1995 年才完成列装。

尽管 A－35M 系统无法有效应对苏联面临的分导式多弹头弹道导弹威胁，但是该系统仍是当时世界上最先进的、唯一实际部署的反导拦截系统，当时美国还不具备拦截 8 枚弹道导弹的能力。A－35M 系统的指挥控制系统（由 50 多个分布式计算机通过通信线路组成）的自动化水平也处于世界领先水平，当时只有美国的“土星－阿波罗”探月工程指控系统可与其媲美。其“多瑙河－3U”雷达不仅能探测来袭弹道导弹，还能探测低轨道卫星。

2. 导弹袭击预警系统的发展

1972—1985 年，苏联导弹袭击预警系统的能力达到了顶峰。

一是导弹袭击预警视距雷达及太空监视雷达到 1985 年基本实现了闭合的导弹袭击预警环形部署。在这段时期内，苏联先后研制了第二代第聂伯系列雷达，以及第三代达里亚尔系列雷达。其中，第聂伯系列雷达的探测距离达 2500 千米，距离误差 1 千米，方位误差 10 分，仰角误差 50 分，比第一代德涅斯特－M 雷达的探测范围扩大一倍，且数据传输能力和抗干

---

① Красковский В. М. и Остапенко Н. К., *Щит России: системы противоракетной обороны*, Москва, 2009, с. 245.

② 建业、兆然：《俄罗斯 A－135 战略反导系统》，《航空知识》2000 年第 1 期，第 36 页。

扰能力更强；达里亚尔系列雷达的探测距离达6000千米，探测覆盖角度达110°，计算机处理数据的速度明显提升，并具备了抗干扰能力。这段时期，苏联新建了6座导弹预警视距雷达站。到1985年，苏联共拥有10座（其中2座在建）导弹袭击预警视距雷达站和太空监视雷达站。并且，这10座雷达站都配备了第二代或第三代雷达。

二是“弧－NM”导弹袭击预警超视距雷达站开始列装。在这一时期，苏联列装了“弧－NM”西部雷达站（位于哈萨克斯坦的普利皮亚）和“弧－NM”东部雷达站（位于阿穆尔河畔共青城）。“弧”系列雷达探测距离达1万千米，是探测美国弹道导弹发射的重要手段。

三是第一代“眼睛”导弹袭击预警卫星系统完成部署。1985年3月14日，“眼睛”预警卫星系统开始进入战斗值班，该系统由8颗大椭圆轨道卫星和1颗地球静止轨道卫星构成，使苏联首次拥有了使用预警卫星探测美国本土弹道导弹发射的能力。“眼睛”系统的性能远远超过了当时美国的同类产品“IMEWS”系统。

四是第二代“眼睛－1”导弹袭击预警卫星系统的研制。随着美国潜射弹道导弹（1970年美国已研制出了“北极星A3T”潜射弹道导弹及“海神C3”潜射弹道导弹）进入战斗值班，苏联迫切需要加强对美国潜射弹道导弹的预警。于是，苏联于1975年开始研制第二代“眼睛－1”导弹袭击预警卫星系统。“眼睛－1”系统使用的“预报”卫星能透过大气层对地面（海面）进行监测，因而具备探测潜射弹道导弹的能力。苏联计划部署7颗位于地球静止轨道的预警卫星和4颗位于大椭圆轨道的预警卫星，并建设东、西两个指挥所。这两个指挥所分别负责指挥东半球的预警卫星和西半球的预警卫星，以形成对美国洲际弹道导弹及潜射弹道的全方位探测能力。7颗地球静止轨道预警卫星的预定轨道位置依次为西经24°、东经12°、东经35°、东经80°、东经150°、东经166°、西经159°。

到1985年苏联导弹袭击预警系统初步形成了立体全方位的预警网络：第一梯队的“眼睛”预警卫星系统可24小时不间断监测美国本土的弹道导弹发射，第二梯队的3座预警超视距雷达站能辅助监测美国、中国及太平洋的弹道导弹发射（受气候、光线等因素影响，并不稳定），第三梯队的8座预警视距雷达站可监测各方向（由于OS－3雷达站和巴拉诺维奇雷达站尚未建成，东部和西北方向还有小缺口）上的弹道导弹发射。

到1985年，导弹袭击预警系统不仅各子系统的能力达到了峰值，而且导弹袭击预警指挥中心的指挥通信系统也达到了较高水平，当时配备的M－10、5E66计算机以及向国家最高领导人上传导弹预警信息的“藏红花”通信系统都达到世界领先水平。此外，20世纪80年代苏联还在莫斯科近郊的科罗姆纳城新建了导弹袭击预警系统备用指挥中心，提高了指挥系统的稳定性。

然而，1985—1991年，由于苏联经济政治形势恶化，苏联导弹袭击预警系统建设出现了力不从心的征兆。主要表现为：一是因被美国指责违反《反导条约》，苏联被迫拆除了即将完工的OS－3预警视距雷达站，并拖延了巴拉诺维奇预警视距雷达站的建设；二是受切尔诺贝利核电站事故的影响，苏联于1987年撤除2座“弧－NM”预警超视距雷达站；三是“眼睛－1”第二代导弹袭击预警卫星系统未能按计划完成部署，仅完成了西部指挥所的建设以及4颗地球静止轨道卫星（“宇宙1629”“宇宙1894”“宇宙2155”“宇宙2133”）的部署，只能监测来自大西洋方向的美国潜射弹道导弹。

到苏联解体前，苏联导弹袭击预警系统具备如下能力：第一梯队预警卫星能够24小时监测发射自美国本土的洲际弹道导弹与发射自大西洋方向的美国潜射弹道导弹；第二梯队地基预警超视距雷达能够探测发射自中国及太平洋的弹道导弹；第三梯队地基预警视距雷达能够探测除西北小缺口（因白俄罗斯巴拉诺维奇预警视距雷达站未完成建设）之外其他所有方向上的来袭弹道导弹。

3. 太空监视系统的发展

20世纪70—80年代，美国大大增加了2万到4万千米高度轨道军用航天器的数量，这一高度是太空监视雷达站无法看到的。因此，苏联高层决定加强太空监视系统的能力。从1974年开始，苏联大力发展太空监视系统。

一是提升太空监视中心的指挥通信能力。苏联在该方面取得了一定成绩，“1973年用5E51计算机（计算速度达200万次/秒）替换了5E92B计算机，用5Zh19数据传输系统替换了5Zh17数据传输系统”①；到20世

① Красковский В. М. и Остапенко Н. К., *Щит России: системы противоракетной обороны*, Москва, 2009, с. 412－414.

纪 80 年代末，又用“厄尔布鲁士 - 1”计算机替换了 5E51 计算机，显著提升了数据自动化处理和通信能力。

二是大力建设“窗口”光学监测综合系统（塔吉克斯坦的努列克）、“窗口 - S”光学监测综合系统（滨海边疆区雷萨亚山附近的斯帕斯克达利尼）、“树冠”无线电监测综合系统（北高加索卡拉恰伊 - 切尔克斯共和国的泽连丘克）及“树冠 - N”无线电监测综合系统（滨海边疆区纳霍德卡市）。由于技术十分复杂，部署时间较长，在苏联解体前这四个综合系统的建设都未能完工。

（二）反导与防天兵发展为导弹 - 太空防御兵

1972—1992 年，随着反导反卫武器系统的快速发展，苏联不断提升导弹 - 太空防御部队的级别。苏联于 1977 年将反导与防天兵的导弹袭击预警师升格为导弹袭击预警军，于 1982 年将反导与防天兵改组为导弹 - 太空防御司令部，于 1988 年将该司令部下属的太空监视师升格为太空监视军，于 1992 年把导弹 - 太空防御司令部升格为防空军编成内的独立兵种——导弹 - 太空防御兵。

在苏联解体前后，导弹 - 太空防御兵下辖 1 个导弹袭击预警军、1 个反导军和 1 个太空监视军。反导军负责指挥 A - 35M 系统，导弹袭击预警军通过 2 个导弹袭击预警指挥中心（索尔涅奇诺戈尔斯克和科罗姆纳）指挥 6 座预警视距雷达站、1 座预警超视距雷达站、“眼睛”预警卫星系统（由 8 颗大椭圆轨道卫星和 1 颗地球静止轨道卫星组成）及“眼睛 - 1”预警卫星系统（由 4 颗地球静止轨道卫星组成），太空监视军通过太空监视中心指挥 2 座太空监视雷达站及一些光电观测站。

二、苏联解体后反导力量进入缓慢发展期

从苏联解体到 2001 年，俄罗斯反导系统的发展一方面受到国民经济衰退、军事与外交政策失误（向西方一边倒）等的消极影响；另一方面又受到《反导条约》修约解除了非战略反导系统发展限制的积极影响。总的来说，一是俄罗斯战略反导系统基本处于“吃老本”的状态，勉强于 1995 年完成苏联解体前业已开始的 A - 135 战略反导拦截系统的列装工作，未再提出新的战略反导拦截系统建设计划；二是导弹袭击预警能力下降；三是太空监视系统列装迟缓；四是《反导条约》的修订大大“刺激”

了俄罗斯非战略反导系统的发展。

（一）反导系统建设的迟滞与发展

1. A－135 战略反导拦截系统正式列装

A－135 系统于 1995 年完成列装并开始担负战斗值班。A－135 系统部署在莫斯科周围半径 150 千米的范围内，采用地下井发射和使用双层核拦截弹。该系统共部署 100 枚拦截弹，其中高层拦截弹的最大拦截距离为 350 千米，低层拦截弹的最大拦截距离为 80 千米。该系统的“多瑙河－2N”雷达可同时跟踪 100 个弹头，对弹道导弹等目标的探测距离为 1200—1500 千米，对航天器的探测距离为 600—1000 千米。该系统能拦截有限数量的、具有突防能力的多弹头弹道导弹。与 A－35M 系统相比，A－135系统具有明显的优势：一是具备高低双层拦截能力；二是拦截弹发射准备时间短，A－135 系统的拦截弹可直接从竖井集装箱式发射筒内发射，不像 A－35M 系统需要临时从仓库取弹吊装；三是使用“顿河－2N”米波段相控阵雷达，能够辨别真假弹头。

2. 导弹袭击预警能力下降

苏联解体后，原来部署的 9 座导弹袭击预警视距雷达站和太空监视雷达站中有 6 座散落到俄罗斯境外（RO－2 雷达站留在拉脱维亚，RO－4 及 RO－5 雷达站留在乌克兰，RO－7 雷达站留在阿塞拜疆，OS－1 雷达站留在哈萨克斯坦，尚未建成的“伏尔加”雷达站留在白俄罗斯）。这使俄罗斯无法继续进行导弹袭击预警系统的升级改造工作，也被迫停止了在白俄罗斯巴拉诺维奇建设“伏尔加”分米段雷达站的工作。

为了恢复统一的导弹袭击预警系统，俄罗斯不得不向这些国家租用雷达站，其分别与拉脱维亚、乌克兰、阿塞拜疆及哈萨克斯坦达成租用这些雷达站的协议。其中，拉脱维亚里加 RO－2 雷达站在 1999 年租约到期后被拉脱维亚拆除，致使俄罗斯导弹袭击预警系统在西部和西北两个方向出现雷达盲区。为此，俄罗斯于 1999 年经白俄罗斯同意恢复了在巴拉诺维奇“伏尔加”雷达站的建设工作，并于 2003 年开始启用该雷达站。由于该雷达站探测能力有限，仅能探测 4500 千米距离内的目标，俄罗斯的导弹袭击预警雷达的探测范围仍然无法有效覆盖西北方向，需要反导拦截系统“顿河－2N”雷达的配合。

从苏联解体到 2001 年，俄罗斯发射预警卫星的速度勉强能够赶上预警卫星退役的速度（预警卫星在轨寿命大部分只有几个月），艰难维持着

“眼睛”系统（由 9 颗大椭圆轨道卫星组成，其中 1 颗为备用卫星）及“眼睛 - 1”系统（包括位于西经 24°、东经 80°或东经 12°的 3—4 颗地球静止轨道卫星，负责指挥探测大西洋潜射弹道导弹的西部指挥所和 1998 年启用的负责指挥探测太平洋潜射弹道导弹的东部指挥所）的有效运转。俄罗斯由于无法承担“眼睛”和“眼睛 - 1”两个预警卫星系统同时运转所需的费用，不得不于 1999 年提出建立“统一太空系统”（Единая космическая система）的构想。俄罗斯将“统一太空系统”写入了俄罗斯 2001 年出台的《2020 年前国家武器纲要》,[①] 有力回应了美国使用 SBIRC 系统替代 IMEWS 系统的做法。

3. “窗口”与“树冠”太空监视系统列装

由于苏联解体，“窗口”及“树冠”系列太空监视系统的列装工作在 1992—1996 年暂停，于 1997 年恢复，至 2001 年基本完成。其中，俄罗斯 1992 年完成了“窗口”系统主体工程的建设，1999 年完成了“窗口 - S”及“树冠”系统的建设工作，2000 年建成了“树冠 - N”系统。这一时期，太空监视中心的指挥控制系统也得到了进一步完善，其“厄尔布鲁士 - 1”计算机升级为“厄尔布鲁士 - 2”计算机。

4. 非战略反导系统建设兴起

海湾战争中拦截伊拉克“飞毛腿”导弹的实战经历，使美国认识到非战略反导系统在现代战争中的重要作用。1994 年，美军提出将战区导弹防御作为导弹防御发展的重点。由于《反导条约》中有关非战略反导系统与战略反导系统的界限不清，在美国的倡议下美俄开展了修约工作。修约的结果是允许双方研制和建设陆基、海基和空基非战略反导系统（没有解除对天基非战略反导系统的限制）。修订后的条约规定，非战略反导系统的能力上限是能够拦截射程达 3500 千米、速度达 5 千米/秒的弹道导弹。由此，俄罗斯于 1993 年开始大力发展非战略反导系统，先后列装了 S - 300PMU1 系统（1993 年）、S - 300VM 系统（1997 年）和 S - 300PMU2 系统（2000 年）。

（二）调整导弹 - 太空防御兵的隶属关系

苏联解体后，俄罗斯保留了五大军种的武装力量结构，其中，导弹 -

---

① Красковский В. М. и Остапенко Н. К., *Щит России: системы противоракетной обороны*, Москва, 2009, с. 360.

太空防御兵仍保留在防空军编成内。在1997—1998年武装力量改革中，俄罗斯解散防空军，将导弹－太空防御兵转入战略火箭军，将列装非战略反导系统的地面防空部队转入空军。这一体制调整将战略反导部队与非战略反导部队彻底分开，并破坏了反导、防空与防天部队已有的一体化基础，为日后空天防御一体化进程受阻埋下了“祸根”。

在战略火箭军编成内，俄罗斯于1998年10月1日将导弹－太空防御兵编为第3导弹－太空防御集团军，将其原下辖的三个军分别降格为导弹袭击预警师、反导师和太空监视师。

第三节 废约时期：反导力量复兴并向空天防御方向发展

2001年12月31日，美国宣布单方面退出《反导条约》，半年后，该条约自动失效。美国退约给俄罗斯带来了巨大的战略压力，此后美国全球快速打击武器和太空进攻武器的急速发展，使俄罗斯感受到了空天一体进攻的紧迫威胁。

为维护战略稳定，俄罗斯重新定位和规划了反导力量的发展方向，将反导力量纳入空天防御的整体力量中来考虑：一是加快反导力量与反卫力量的融合发展；二是加快反导力量、反卫力量与防空力量的融合发展，构建空天防御整体力量。

一、俄罗斯初步探索空天防御组织体制

根据空天防御建设构想，2002—2015年，俄军对包括反导在内的整个空天防御组织体制进行了多次改革与探索。出于反导力量与反卫力量融合发展的考虑，俄罗斯于2001年6月1日将导弹－太空防御力量（第3导弹－太空防御集团军）和军事航天力量从战略火箭军脱离出来，重新合并成立了集反导与反卫于一体的太空兵，并将其作为武装力量的一个独立兵种。其中，第3导弹－太空防御集团军得以全盘保留，仍然下辖导弹袭击预警师、反导师和太空监视师（见图2－1）。这形成了由总参谋部对

反导和反卫力量实施直接指挥的领导体制，推动了反导和反卫力量的发展。

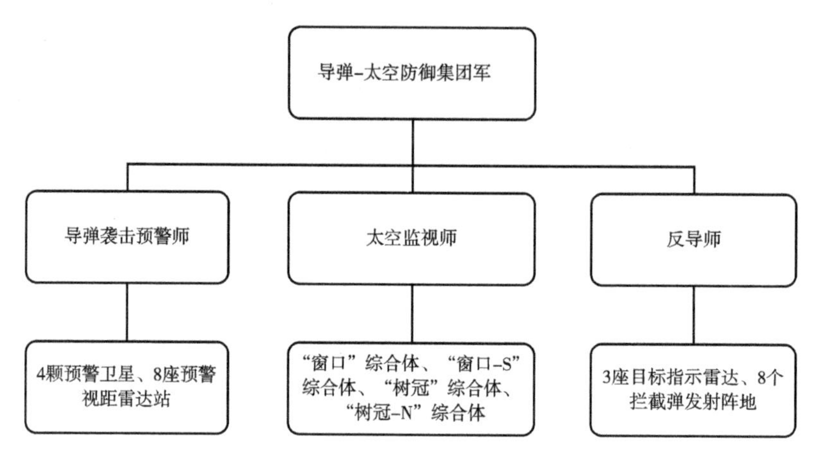

图 2-1　太空兵导弹-太空防御集团军编成

为了统一协调首都地区的防空、反导和反卫力量，俄罗斯空军于2002年9月将原莫斯科空防区改组为莫斯科特种司令部，该司令部平时指挥下辖的2个防空军（第1和第32防空军），战时还负责指挥辖区内的太空兵第3导弹-太空防御集团军和第16航空集团军。此举从组织体制上为实施首都地区的空天防御作战做出了有益的探索。

在总结体制运行经验教训的基础上，为加强防空与导弹-太空防御部队的联合作战指挥，俄军于2009年6月1日又将莫斯科特种司令部改组为空天防御战略战役司令部，正式建立了一个平战结合的联合战役指挥体制。此举为理顺空天防御力量的统一指挥做了有益的尝试。

2011年12月1日，俄罗斯以太空兵和空天防御战略战役司令部为基础成立了空天防御兵（见图2-2），作为武装力量的一个独立兵种。在反导力量部署方面，空天防御兵具有以下几个特点：一是首次真正实现了首都地区战略反导与非战略反导力量的融合；二是担负非战略反导任务的3个防空旅以莫斯科为中心形成双层拦截防御圈，内层由第4防空旅（5个地空导弹团，1个雷达团，负责西部和北部方向的拦截任务）和第5防空旅（4个地空导弹团，1个雷达团，负责东部和南部方向的拦截任务）组成，外层由第6防空旅（2个地空导弹团，2个雷达团）构成北部（诺夫

哥罗德州）－西部－南部（沃罗涅日州）方向的重点防御半圈，防御来自西部（西北、西南）方向导弹与空中威胁。

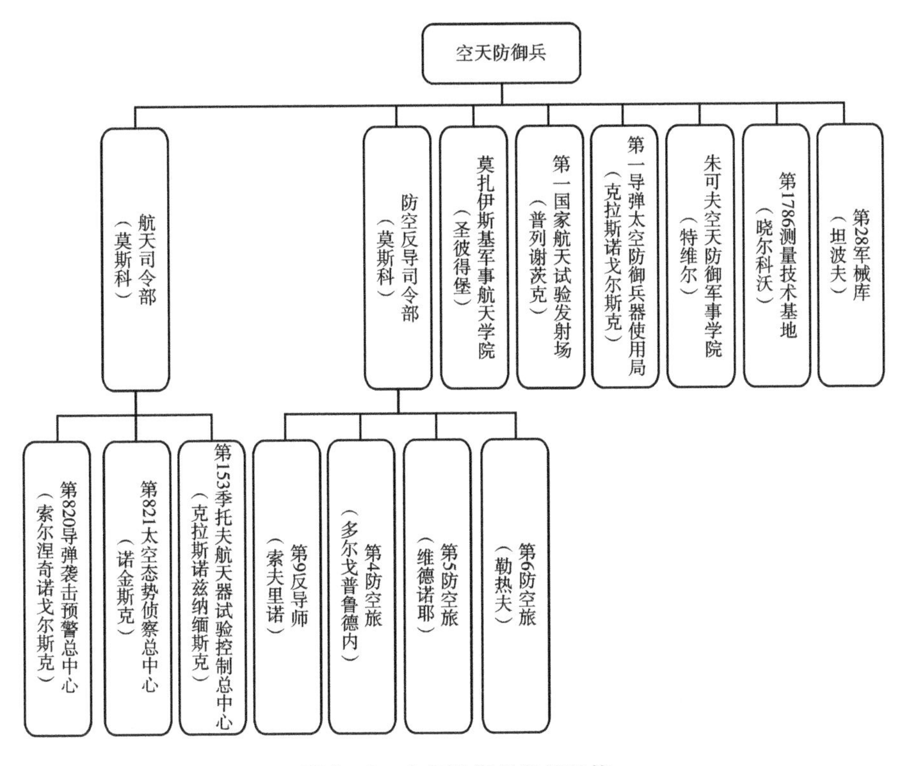

图 2－2　空天防御兵组织架构

Войска Воздушно － Космической Обороны, http: //warfare. be/db/lang/rus/catd/239/linkid/2243/title/voyska － vjzdushno － kosmcheskoy － oborony/.

在空天防御力量部署方面，空天防御兵首次真正整合了首都地区的空天防御力量，空天防御兵下辖的航天司令部与防空反导司令部分别领导了首都地区的反卫、反导和防空力量。其中，航天司令部负责导弹袭击预警、太空监视、反卫及太空武器试验，下辖 1 个导弹袭击预警总中心、1 个航天器试验控制总中心和 1 个太空态势侦察总中心（含反卫指挥中心）；防空反导司令部担负首都地区的防空反导任务，下辖 1 个反导师与 3 个防空旅。

然而，空天防御兵的建立并没有解决首都地区空天防御力量和其他地区空天防御力量的融合问题。这成为俄罗斯空天防御组织体制下一步探索的努力方向。

二、以空天防御为方向复兴反导武器建设

《反导条约失效》后至今，俄罗斯在反导系统发展方面主要做了如下几项工作。

一是积极“延寿”和升级改造 A－135 系统，并开展 A－235 第三代战略反导拦截系统的研制工作。2002 年 10 月，俄罗斯官方任命 U. F. 沃斯科博耶夫为 A－135 系统“延寿”的总设计师。在沃斯科博耶夫的领导下，俄罗斯相关专家对 A－135 系统进行了升级改造。与此同时，俄罗斯开展了 A－235 第三代战略反导系统的研制工作。

二是加快部署第四代“沃罗涅日”系列导弹袭击预警视距雷达站。由于导弹袭击预警视距雷达站散落在多个独联体国家，俄罗斯加紧建设新的“沃罗涅日”系列雷达站，以摆脱对外国雷达站的依赖。从 2001 年到 2010 年（乌克兰 RO－4 及 RO－5 雷达站租约到期），俄罗斯分别在列宁格勒州的列赫图西和克拉斯诺达尔边疆区的阿尔马维尔列装了“沃罗涅日－DM”式雷达站。其中，列赫图西雷达站用于弥补里加 RO－2 雷达站拆除后俄罗斯西北方向出现的雷达盲区，阿尔马维尔雷达站用于替代乌克兰 RO－4 和 RO－5 雷达站和阿塞拜疆加巴拉雷达站。随着 2009 年列赫图西雷达站及阿尔马维尔雷达站的正式列装，俄罗斯再次拥有了闭合的导弹袭击预警雷达探测区。

三是补充发射预警卫星并研制第三代预警卫星系统。2001—2011 年，“俄罗斯提升了‘眼睛’及‘眼睛－1’卫星的抗干扰能力”①，并且共补充发射了 6 颗大椭圆轨道预警卫星和 3 颗地球静止轨道预警卫星，但仅维持了 2 颗大椭圆轨道“眼睛”卫星和 1 颗地球静止轨道卫星的组合。为实现对美国洲际弹道导弹和潜射弹道导弹的预警，俄罗斯至少需要拥有 4 颗“眼睛”大椭圆轨道卫星及 2 颗地球静止轨道卫星同时在轨。与此同时，俄罗斯积极研制第三代导弹袭击预警卫星系统——“统一太空

---

① Виктор Мисник, “Первый эшелон СПРН”, *Воздушно－космическая оборона*, No. 1, 2010, http://www.vko.ru/koncepcii/pervyy－eshelon－sprn.

系统”。

四是进一步提升太空监视能力。2001 年，俄罗斯为太空监视中心列装了新型“厄尔布鲁士 - 90”微型计算机及其他新型设备，进一步提升了其指挥和控制能力。2004 年，俄罗斯与塔吉克斯坦达成协议续租“窗口”系统 49 年。俄罗斯还在诺金斯克列装了“时刻”移动式无线电技术监测综合系统。“截至 2009 年，太空监视系统跟踪的太空编目目标已达 9000 多个”①。

五是大力发展非战略反导系统。俄罗斯于 2003 年开启了第五代防空反导系统 S - 500 的研制工作，于 2007 年开始列装第四代防空反导系统 S - 400和研制 S - 300VM 系统的改进型“勇士”系统。根据设计，S - 500 系统采用 X 波段主动相控阵雷达，探测距离 900 千米，拦截高度 40 千米、拦截距离 600 千米，可同时跟踪与拦截 10 个中远程弹道导弹，未来主要用于执行大区域反导任务，将成为俄罗斯非战略反导系统的“中流砥柱”。S - 400 系统的探测距离 600 千米，拦截距离 60 千米、拦截高度 30 千米，可有效拦截射程为 300—3500 千米、飞行速度达 4800 米/秒的中程弹道导弹。

总之，至今俄罗斯反导武器系统已经走出了能力低谷期，但要实现真正的“崛起”仍需要走相当长的路。这一时期，无论是战略反导拦截系统A - 135系统的改进、S - 400 及 S - 500 系统的研制，还是“统一太空系统”的研制都已体现出反导拦截系统与导弹袭击预警系统向空天防御一体化方向发展的趋势。

---

① Красковский В. М. и Остапенко Н. К. , *Щит России: системы противоракетной обороны*, Москва, 2009, с. 420 - 424.

第三章　俄罗斯反导武器系统的构成

俄罗斯反导武器系统由反导拦截系统、导弹袭击预警系统及指挥控制系统构成。由于太空监视系统具有重要的辅助作用，我们也把太空监视系统纳入考察范围。

第一节　反导拦截系统的构成

当前，俄罗斯部署的反导拦截系统包括战略反导拦截系统（A－135）及非战略反导拦截系统（S－300 PMU1、S－300 PMU2、S－300VM、S－300V4 及 S－400）；在研的反导拦截系统包括战略反导拦截系统（A－235）及非战略反导拦截系统（“勇士”及 S－500）。

一、战略反导拦截系统的构成与性能

俄罗斯当前列装的是第二代战略反导拦截系统——A－135 系统，在研的是第三代战略反导拦截系统——A－235 系统。

（一）A－135 战略反导拦截系统

苏联于 1971 年开始研制 A－135 系统，1976—1990 年进行了持续的试验，于 1990 年 12 月正式使用该系统。A－135 系统部署在莫斯科附近的 7 个地下发射井内，形成以莫斯科为中心、半径达 150 千米的防御圈。A－135 系统原有 100 枚拦截弹（5 个发射井装备 68 枚 53T6 低层拦截弹、2 个发射井装备 32 枚 51T6 高层拦截弹），但两层拦截弹在 2005 年都已达

到寿命期（有效期为 10 年）。其中，53T6 低层拦截弹经升级延寿后又增加了 5—10 年有效期；51T6 高层拦截弹曾一度于 2006 年全部退出战斗值班，于 2012 年又开始接受升级延寿。此外，俄罗斯还升级了“顿河 – 2N”雷达，并“将指挥控制中心的‘厄尔布鲁士 – 2’计算机升级到‘厄尔布鲁士 – 90’微型计算机”[①]。俄罗斯 A – 135 系统的升级工作实际上与 A – 235 系统的研制工作有不少交集，因为 A – 235 系统的多个组成部分都是 A – 135 系统零部件的升级版。例如，A – 235 系统的高层拦截弹是 51T6 拦截弹的升级版，低层拦截弹是 53T6 拦截弹的升级版，“顿河 – 2M”雷达是“顿河 – 2N”雷达的升级版，“厄尔布鲁士 – 3M”指挥计算机为“厄尔布鲁士 – 2”的升级版。

1. 构成及基本性能

A – 135 系统包括：1 座“顿河 – 2N”多功能雷达站，1 座“多瑙河 – 3U”雷达站（原属 A – 35M 系统）和 1 座“多瑙河 – 3M”雷达站（原属 A – 35M 系统），1 个 5K80 指挥中心，“2 个高层拦截弹发射阵地（纳罗福明斯克发射阵地和谢尔盖耶夫波萨德发射阵地，每个发射阵地有 16 口发射井、共 32 枚 51T6 拦截弹）”[②]，5 个低层拦截弹发射阵地（伏努科沃发射阵地有 12 口发射井、斯霍德尼亚发射阵地有 16 口发射井、雷特卡里诺发射阵地有 16 口发射井、科罗列夫发射阵地有 12 口发射井、索夫里诺发射阵地有 12 口发射井，共 68 枚 53T6 拦截弹）及数据通信传输系统。

A – 135 系统的主要性能：“顿河 – 2N”厘米波雷达站可同时跟踪 100 个目标并引导 36 枚拦截弹实施拦截，有 4 个阵面，可实现 360°全覆盖，“探测精度达 5 厘米，探测高度达 400 千米，探测距离达 2000 千米，能够区分真假弹头”[③]。其中，51T6（女怪/戈尔贡/A925/S – 11）高层拦截弹的拦截高度为 70—670 千米，拦截距离为 130—350 千米，核装药当量为 140 万吨，升级后最大拦截距离可达 600 千米；53T6（小羚羊/瞪羚/S – 08）低层拦截弹的拦截高度为 3—30 千米，拦截距离为 10—60 千米，核

---

① Противоракета ПРС – 1/53Т6 Комплекса ПРО А – 135, http://rbase.new – factora.ru/missile/wobb/53t6/53t6.shtml.

② Система ПРО А – 135, http://pro.guns.ru/abm/A – 135 – 01.html.

③ Красковский В. М. и Остапенко Н. К., *Щит России: системы противоракетной обороны*, Москва, 2009, с. 262.

装药当量为 1 万吨，主要用于拦截已突破高层拦截的目标。“升级后，53T6 拦截弹的拦截距离提高了 1.5 倍，拦截高度增加了 2 倍。”[①] 5K80 指挥中心原使用“厄尔布鲁士 – 2”计算机，拥有 10 个处理器，运算速度超过 10 万次/秒，现使用“厄尔布鲁士 – 90”微型计算机，运算速度达 1.633 亿次/秒。

2. 力量部署

目前，莫斯科战略反导系统的 7 个拦截弹发射井分别部署在：“弗努科沃镇（37°22′E、55°36′N）、斯霍德尼亚市（37°18′E、55°57′N）、雷特卡里诺市（37°54′E、55°35′N）、科罗列夫市（37°49′E、55°55′N）、普希金市索夫里诺（30°25′E、59°34′N）、纳罗福明斯克市（36°43′E，55°23′N），以及谢尔吉耶夫波萨德市（38°08′E，56°18′N）”[②]；“多瑙河 – 3M”及“多瑙河 – 3U”雷达站分别位于库宾卡和契诃夫市切尔涅茨科耶；“顿河 – 2N”雷达站及 5K80 指挥中心均位于索夫里诺。

3. 能力评估

20 世纪 70 年代初，苏联采取有限发展反导拦截系统的指导方针，对 A – 135 系统的总体要求是能够拦截具有突防能力、数量有限的来袭弹道导弹，具体要求是：“能够拦截飞行速度达 6—7 千米/秒的弹道导弹弹头；实施大气层内和大气层外双层拦截；能够区分真假弹头。”[③] A – 135 系统基本达到了研制要求，能发现 2000 千米处的目标，并能在 80—600 千米距离内对目标实施大气层内外双层拦截。

相比于第一代 A – 35M 系统，A – 135 系统的优势在于：“顿河 – 2N”雷达使用多个制导通道，能够同时跟踪 100 个目标及辨别真假目标，这是 A – 35M 系统雷达所不具备的；可直接从地下发射井发射箱内发射拦截弹，A – 35M 系统发射前则须先经组装，发射准备时间较长；采用大气层内外双层拦截，拦截高度达 670 千米，可拦截的目标数更多，拦截成功率更高，A – 35M 仅采用大气层外拦截，最大拦截高度为 400 千米，只能拦截 8 枚弹头。“A – 135 系统提高了俄罗斯的核还击门槛，也提高了负责做

---

① Противоракета ПРС – 1/53Т6 Комплекса ПРО А – 135, http://rbase.new-factora.ru/missile/wobb/53t6/53t6.shtml.

② Ленский А. Г. и Цыбин М. М., *Военная авиация Отечества. Организация, вооружение, дислокация*, СПБ, 2004, с. 79.

③ ПРО А – 135, https://ru.wikipedia.org/wiki/%CF%D0%CE_%C0-135.

出核还击决策的军政高层指挥机关的生存能力。”①

A－135 系统存在以下严重不足。

一是其核拦截方式难以用于实战。为保障莫斯科地区免受核污染的损害，A－135 系统至少要在 200 千米的距离外才能实施核拦截。由此，最大拦截距离为 100 千米的 53T6 低层拦截弹无实战意义，拦截距离为 350 千米的 51T6 高层拦截弹只有在 200—350 千米的距离段才具实战意义。

二是由于核爆炸的巨大破坏力，A－135 系统降低了对拦截弹制导精度的要求，采用末寻的制导方式。为此，很多专家认为：“使用核拦截弹的莫斯科反导系统没有解决阻碍其发展的技术问题。在这方面，A－135 系统甚至不如基苏尼科研制的系统。”②

三是系统正常维护费用高。每年高达 300 多亿卢布的维护费用，加上 2006 年后拦截弹升级的费用，对俄罗斯的军费开支构成巨大压力。

（二）在研 A－235 系统

1978 年 6 月 7 日，苏联部长会议提出研制 A－235 系统的构想。1985 年，苏联高层委任无线电仪表科研所（2002 年并入金刚石－安泰集团公司）负责研制该系统。根据构想，该系统使用三层拦截弹，其中高层拦截弹在 A－135 系统 51T6 拦截弹的基础上改进而成，低层拦截弹在 53T6 拦截弹的基础上研制（换装常规弹头，采用公路/铁路机动型发射方式）而成，“顿河－2M”雷达及“厄尔布鲁士－3M”计算机都以 A－135 系统的相关部件为基础研制。目前，俄罗斯已基本完成 A－235 系统的“顿河－2M”雷达与“厄尔布鲁士－3M”计算机的研制工作，以及 53T6M 拦截弹的试验论证工作。俄罗斯计划于 2020 年前用 A－235 系统取代 A－135 系统。

1. 构成及基本性能

A－235 系统构成：1 座“顿河－2M”雷达站，并有可能装备 S－500 的机动型前置“马尔斯”雷达（探测距离达 3000 千米）；指挥控制系统采用“厄尔布鲁士－3M”计算机，使用 E2K 处理器，每个处理器的运算速度达 80 亿次/秒。系统使用三层拦截弹，其中“高层拦截弹的拦截高度

---

① Красковский В. М. и Остапенко Н. К., *Щит России: системы противоракетной обороны*, Москва, 2009, с. 287.

② Красковский В. М. и Остапенко Н. К., *Щит России: системы противоракетной обороны*, Москва, 2009, с. 270.

50—800 千米，拦截距离 1000—1500 千米，使用常规动能弹头或核弹头，采用地下井发射方式；中层拦截弹为 58R6 拦截弹，拦截高度 15—120 千米，拦截距离达 1000 千米，使用常规破片杀伤拦截或常规动能拦截，采用公路/铁路机动型发射方式；低层拦截弹为 77N6（也称 45T6 或 53T6M）拦截弹，拦截高度 15—40 千米，拦截距离达 350 千米，使用常规破片杀伤拦截，采用公路/铁路机动型发射方式”①。

2. 能力评估

与 A－135 系统相比，A－235 系统具有如下优势。

一是增加了中层拦截弹，三层拦截弹的覆盖高度从 15 千米到 800 千米，囊括了临近空间，能够形成从中高空到太空不同高度的三层反导拦截网，而采用双层拦截弹的 A－135 系统则无法拦截从 30 千米到 70 千米高度间的目标。

二是采用核、动能及破片杀伤三种拦截方式，提升了实战能力和灵活性。中、低层拦截弹使用常规弹头，能够避免造成 A－135 系统拦截时的核污染问题；高层拦截弹保留核拦截方式，能在惯性制导精度较低的情况下依靠核爆炸威力摧毁目标，并且拦截高度和距离较远，不会对莫斯科地区造成核污染。

三是中低层拦截弹采用机动发射方式，能够提高生存概率和灵活运用能力。A－235 系统的不足主要体现在制导方式上，其中低层拦截弹采用无线电制导，易受干扰；高层拦截弹采用惯性制导，精度较低。

二、非战略反导系统的构成与性能

（一）现役非战略反导系统

俄罗斯现役非战略反导系统主要有 S－300VM、S－300V4、S－300 PMU1、S－300 PMU2 和 S－400，均为防空反导系统，既能拦截空气动力目标，又能拦截战役战术弹道导弹等弹道目标。

1. S－300 系列防空反导系统（见图 3－1）

S－300 有两个相互独立的系列：S－300P 系列和 S－300V 系列，分别装备空天军和陆军。S－300P 系列由“金刚石”公司研制生产，

① Зонт из Подмосковья（2011－12－21），http：lenta. ru/articles/2011/12/21/interceptor.

S－300V系列由“安泰”公司研制生产。两个系列制式不同，“甚至连一颗螺丝钉都不能通用”①。

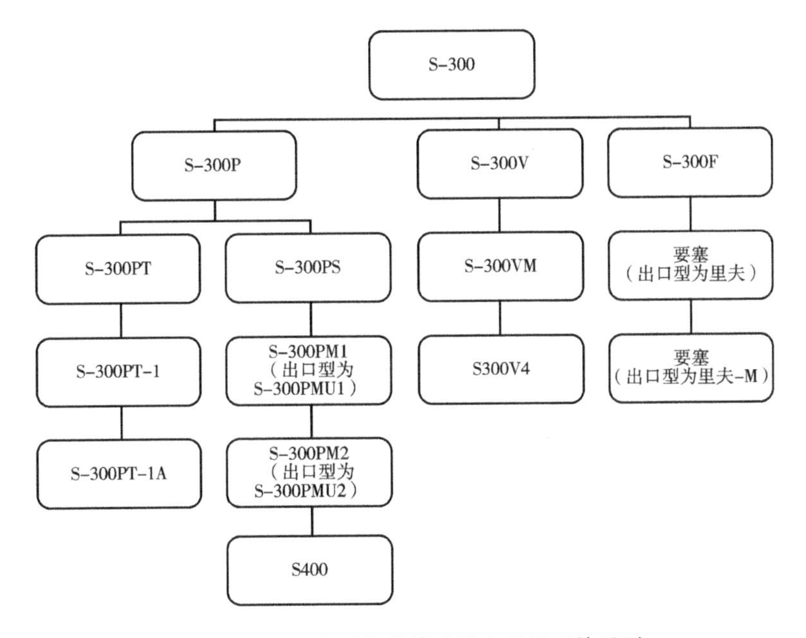

图3－1　俄罗斯现役非战略防空反导系统系列

资料改编自：C－300，https：//ru. wikipedia. org/wiki/% D1 －300。

· S－300PMU1 及 S－300PMU2 系统

空天军 S－300P 系列的最初型号只能拦截空气动力目标，直到研制出 S－300PMU1 和 S－300PMU2（骄子）型号才具备有限的反导能力。空天军现役的 S－300P 系列包括 S－300PMU1 及 S－300PMU2 两个型号，以 S－300PMU2 为主体，空天军正计划将现役的 S－300PMU1 升级为 S－300PMU2 系统。S－300PMU2 采用 48N6E2 拦截弹，能够拦截速度达 2.8 千米/秒、射程达 1000 千米的弹道导弹，拦截距离为 5—40 千米，拦截高度为 2—25 千米。S－300P 的海基型为“里夫”及“里夫－M”系统。俄罗斯现役四艘导弹巡洋舰中，有两艘列装了“里夫”或“里夫－M”系统。具体是，北方舰队“彼得大帝”号导弹巡洋舰列装了一套“里夫”及一套“里夫－M”系统。“里夫”系统列装 48 枚 48N6E

① “Триумфальная марка”, *Известия*, Апрель 11, 2011, http：//izvesta. ru/news/373508.

拦截弹（与S－300PMU1相同），“里夫－M”系统列装46枚48N6E2导弹（与S－300PMU2相同），两个系统拦截弹道导弹的最大距离均为40千米；“北方舰队的‘乌斯基诺夫海军上将’号导弹巡洋舰也列装了一套‘里夫’系统（64枚拦截弹）”①。

·S－300VM及S－300V4系统

俄陆军现役的S－300V系列防空反导系统主要有S－300VM（安泰－2500）及其升级版S－300V4两种型号。S－300VM使用9M82M（拦截弹道导弹）及9M83M拦截弹（拦截空气动力目标），能够拦截1—30千米高度、40千米距离内的弹道目标。

S－300V4比S－300VM的性能强出1.5—2.3倍，能够拦截射程达2500千米、速度达4.5千米/秒的弹道导弹，“拦截距离达400千米（使用40N6拦截弹），拦截高度25—30千米，能同时拦截24个空气动力目标或16个弹道目标”②，“能够在野外情况下保持灵活的机动能力”③。“2014年12月，俄军首次列装了2套S－300V4系统（营），部署在俄罗斯南部军区。”④ 到2020年前，俄军计划列装24套S－300V4系统。

2. S－400系统

S－400系统（“凯旋”）以S－300PMU2系统为基础研制，同时吸收了S－300V系列的优点，为俄罗斯第四代防空反导系统。该系统于1985年开始研制，于2007年正式列装。该系统的雷达探测距离达600千米，探测高度达30千米，能够拦截空气动力及弹道目标，具有反隐形和超低空拦截能力。在反导方面，该系统的拦截距离为7—60千米，拦截高度为5米—30千米，能够拦截速度达4.8千米/秒、射程达3500千米的弹道目标，同时跟踪300个目标，并引导72枚拦截弹实施拦截。该系统行进间的展开时间为5—10分钟，“在公路上的机动速度为60千米/时，在土路

① Ракетный крейсер «Маршал Устинов» вернули в строй после 6 - летнего ремонта., http://www.rbc.ru/politics/21/04/2017/58f9cd939a79479303e3e22chttp://www.rbc.ru/politics/21/04/2017/58f9cd939a79479303e3e22c.

② ВС России взяли на вооружение новую ракету для ПВО, http://vpk.name/news/127777_vs_rossii_vzyali_na_vooruzhenie_novuyu_raketu_dlya_pvo.html.

③ Сергей Птичкин, “Не подлетишь. Российская газета”, март 6, 2015, http://vpk.name/news/127834_ne_podletish.html.

④ В сухопутные войска России поступили ракетные системы Тор - М2У и С - 300В4 (2014 - 12 - 26), http://ruposters.ru/archives/10854.

上的机动速度为40千米/时，在十字路口的机动速度为25千米/时”[1]。一套S-400系统/营包括：1辆55K6E指挥控制车（装备“厄尔布鲁士-90”微型计算机，通过98Zh6E指挥系统实施指挥）；1部91N6E目标指示雷达（探测距离达600千米）；8套导弹发射单元，“每套发射单元包括1部92N6E雷达及8—12辆导弹发射车，每辆发射车装载4—16枚拦截弹”[2]；“使用48N6E3（拦截距离达250千米）、9M96E2（拦截距离1—120千米，拦截高度5米—30千米）及40N6（拦截距离达400千米）三种拦截弹”[3]。该系统在需要时能够配备多达8种拦截弹头，包括“48N6E（射程5—150千米，射高达27千米）、48N6E2（射程5—200千米，射高达27千米）及9M96E（射程1—40千米，射高5—20千米）”[4] 等。

俄罗斯计划到2020年共部署56套/个S-400系统/营，替换现役的所有S-300系统。从2007年至今，俄军已经至少部署了34个S-400营/17个S-400团，除堪察加S-400团编3个营、北方舰队第1528地空导弹团（北德文斯克）仅编1个S-400营以外，其他S-400团均编2个营。按时间顺序，S-400团先后部署在：“莫斯科地区的埃列克特罗斯塔利（2007年）、莫斯科地区的德米特罗夫（2011年）、莫斯科地区的丰科沃（2012年）、远东的纳霍德卡（东部军区，2012年）、加里宁格勒州的加里宁斯克（波罗的海舰队，2013年）、克拉斯诺达尔边疆区的新罗西斯克（南部军区，2013年）、莫斯科地区的库里洛沃（2014年）、摩尔曼斯克（北方舰队，2014年）、堪察加（太平洋舰队，2015年）、新西伯利亚市（中部军区，2015年）、列宁格勒州（西部军区，2015年）、符拉迪沃斯托克市（东部军区，2015年）、塞瓦斯托波尔市（南部军区，2016年）、列宁格勒州（西部军区，2016年）、莫斯科地区的马里伊诺（2016年）、列宁格勒州（西部军区，2016年）、北德文斯克（北方舰队，2016），2017年计划再列装4个S-400团。”[5]

---

① Зенитная ракетная система большой и средней дальности С-400 «Триумф», http://vpk.name/library/f/c-400.html.

② С-400, http://ru.wikipedia.org/wiki/%D1-400.

③ С-400, http://ru.wikipedia.org/wiki/%D1-400.

④ Зенитная ракетная система большой и средней дальности С-400 «Триумф», http://vpk.name/library/f/c-400.html.

⑤ С-400, https://ru.wikipedia.org/wiki/%D0%A1-400.

S－400 系统部署的阶段性特点：第一阶段的部署旨在保护莫斯科地区；第二阶段的部署旨在保护俄罗斯西部、东部与南部边境地区（尤其是濒海地区）以及北极地区；第三阶段的部署用于保护乌拉尔等重要工业经济区。目前，俄罗斯正处于第二阶段部署末期：已在莫斯科地区部署了 5 个 S－400 团（保护莫斯科地区至少需 4 个 S－400 团），在西部军区部署了 3 个 S－400 团，在东部军区部署了 2 个 S－400 团，在中部军区南部部署了 1 个 S－400 团，在南部军区部署了 2 个 S－400 团，在太平洋舰队部署了 1 个 S－400 团，在波罗的海舰队部署了 1 个 S－400 团，在北方舰队部署了 1 个 S－400 团和 1 个 S－400 营。预计到 2020 年，俄罗斯能够完成 28 个 S－400 团的部署任务。

相比于 S－300PMU2 系统，S－400 系统具有如下优势：一是性能提升 1—4 倍，其拦截距离是 S－300PMU2 的 1 倍，拦截高度多出 5 千米，导弹发射单元的数量比 S－300PMU2 系统多 2 套（S－300PMU2 系统为 6 套），抗干扰能力提升 4 倍（具备电磁静默能力）；二是能够配备或混装不同类型及射程的拦截弹，便于按需组合；三是展开速度快，在行进间只需 5 分钟就能进入发射状态，而 S－300PMU2 系统的部署展开时间较长。

另外，S－400 系统在性能上优于美国的爱国者－3 系统。一是 S－400 系统的展开时间具有明显优势，爱国者－3 系统展开需要 25 分钟，S－400系统的展开时间只是其 1/5。其原因是“S－400 使用垂直发射方式，拦截弹升空后再根据目标调整拦截方向，爱国者－3 采用倾斜发射方式，发射前需根据威胁调整好角度”[①]。二是 S－400 系统的拦截距离、高度及探测距离都优于爱国者－3 系统：S－400 系统的射程是爱国者－3 系统的 5 倍，探测距离是后者的 3 倍多，拦截高度比后者多出 25%。“爱国者－3 系统的拦截高度达 24 千米，拦截距离达 80 千米，探测距离达 180 千米。”[②]

（二）在研的非战略反导系统

1.“勇士”系统

“勇士”（Витязь）/ S－350 系统是 S－300VM 系统的改进型，于

---

① Егор Созаев－Гурьев，“С－400 станет основой противовоздушной обороны России”（2010－2－17），http：//infox.ru/authority/defence/2010/02/17/s_ 400.phtml.

② С－500：характеристики（2014－10－27），http：//fb.ru/article/155632/s－zenitno－raketnaya－sistema－harakterstiki.

2007 年开始研制，目前仍处于试验阶段。俄军计划到 2020 年前至少列装 38 套“勇士”系统。该系统使用 9M100 近程拦截弹及 9M96（9M96E2）中程拦截弹。“勇士”系统的性能是 S－300VM 的数倍（见表 3－1）。“勇士”系统的特点：一是能够 360°监视和拦截目标，而不仅限于扇面监视与拦截；二是引导能力强，“至少可同时引导 12 枚拦截弹拦截 6 个目标”①；三是抗干扰能力强，自动化程度高。

表 3－1　“勇士”系统导弹性能

导弹型号	9M100	9M96/9M96E	9M96E2
起飞质量	70 千克	333 千克	420 千克
拦截距离	10—15 千米	1—40 千米	120 千米（对气动目标）； 30 千米（对弹道目标）
拦截高度		5—20000 米	5—30000 米
战斗部	无线电近炸触发引信	破片杀伤战斗部 无线电近炸触发引信	破片杀伤战斗部 无线电近炸触发引信

资料改编自：Зенитный ракетный комплекс ПВО средней дальности С－350 50Р6А “Витязь”，http：//vpk. name/library/f/vityaz. html。

2. S－500 系统

S－500 是第五代防空反导系统，由金刚石－安泰防空联合企业于 2003 年开始研制，该系统的首个实验样品将于 2020 年前完成。该系统能够拦截中远程弹道导弹、临近空间高超声速武器、隐形飞机、低轨道卫星等多种目标。该系统装备 40N6M（40N6 拦截弹的改进型）、77N6－N 及 77N6－N1（53T6 拦截弹的改进型）三种拦截弹。俄军原计划到 2020 年前装备 5 个 S－500 团（共 10 套 S－500 系统），但是从目前进度来看，列装可能延后。

S－500 系统构成包括：1 个 85Zh6－1 指挥所、1 部 60K6 雷达；防空部分包括 1 个 55K6MA 指挥所、1 部 91N6AM 雷达、1 部 92N6M 雷达，以及 40N6M 拦截弹；反导部分包括 1 个 85Zh6－2 指挥所、1 部 76T6 雷达、1 部 77T6 雷达（X 波段有源相控阵雷达），以及 77N6－N 和 77N6－N1 拦

① Зенитная ракетная система большой и средней дальности С－400 «Триумф»，http：//vpk. name/library/f/c－400. html.

截弹[①]。此外，S－500系统还可以列装“马尔斯”分米波机动型有源相控阵雷达，“工作波长为10厘米，探测距离30—3000千米，探测高度达200千米，发现弹道目标的概率为90%—95%，能同时跟踪50批目标，并引导5—10枚拦截弹实施拦截”[②]。

根据现有资料来看，S－500系统的拦截高度达200千米，“拦截距离达600千米”[③]，可拦截10个速度达7千米/秒、射程达3500千米的弹道目标。与S－400系统相比，S－500系统具有如下优势：一是具有相对独立的反空气动力目标与反弹道导弹目标两个子系统，系统指挥所85Zh6－1在60K6雷达的辅助下，能根据目标威胁的程度和种类下达有先后次序的拦截命令；二是X波段相控阵雷达探测距离达750千米，比S－400远350千米；三是反导与反卫能力更强，反导拦截高度达200千米，能够攻击低轨道卫星，S－400系统的反导高度仅为30千米，反卫能力较弱；四是具有拦截高超声速武器的能力。S－500系统的拦截高度覆盖整个临近空间，能够拦截速度达7千米/秒（约20马赫）的目标，而S－400系统的拦截高度只有30千米，仅能拦截速度不超过4.8千米/秒（约14马赫）的目标。S－500系统的性能优于美国的THAAD反导系统，同时也不弱于美国的“标准－3”系列反导系统。

第二节　反导侦察预警系统的构成

反导侦察预警系统以导弹袭击预警系统为主，以太空监视系统以及A－135系统的“顿河－2N”雷达为辅。

一、导弹袭击预警系统的构成与性能

导弹袭击预警系统负责为国家军政高层提供导弹来袭预警信息，并计

① C－500，https：//ru.wikipedia.org/wiki/%D1－500.

② Сергей Птичкин，“Отстрелялись антиракетой”（2014－7－8），www.rg.ru/2014/07/07/s－500－site.html.

③ C－500，https：//ru.wikipedia.org/wiki/%D1－500.

算和判断来袭导弹的发射点、发射国家、飞行轨道和弹着点。俄罗斯现有导弹袭击预警系统按预警时间先后分为三个梯次：一是导弹袭击预警卫星；二是导弹袭击预警超视距雷达；三是导弹袭击预警视距雷达。

（一）导弹袭击预警卫星

俄罗斯第一代导弹袭击预警卫星系统为“眼睛”预警卫星系统（73D6 型 US－K 卫星），第二代导弹袭击预警卫星系统为“眼睛－1”预警卫星系统（71X6 型 US－KMO 卫星）。前者通过红外探测器以“冷太空”为背景监测目标，负责探测美国本土的弹道导弹发射，但无法探测美国从海洋和其他地区发射的弹道导弹。后者具有俯视能力，能够透过云层的暖背景探测到潜射弹道导弹，能够弥补“眼睛”系统无法探测潜射弹道导弹的不足。

苏联曾拥有较完整的导弹袭击预警卫星系统。“眼睛”系统在苏联时期曾长期保持 9 颗大椭圆轨道卫星在轨运行（4 颗大椭圆轨道卫星即可 24 小时监测美国的导弹发射活动），不仅能够 24 小时监测美国，因有多颗备用卫星，还能减少因阳光或云层导致的虚警率；“眼睛－1”预警卫星系统曾一度保持 3—4 颗地球静止轨道卫星在轨。苏联解体至今，俄罗斯发射预警卫星的速度远远赶不上卫星退役的速度。自 2014 年 4 月“俄罗斯 2 颗‘眼睛’卫星（宇宙 2446 及宇宙 2469）和 1 颗‘眼睛－1’卫星（宇宙 2479）退役”[①] 后，俄罗斯第一代和第二代导弹袭击预警卫星已经全部退役。

俄罗斯第三代导弹袭击预警卫星系统为“统一太空系统”，于 1999 年开始研制。该系统“将由 10 颗‘冻土’（тундра，型号为 14F142）卫星组成”[②]，“计划在 2020 年前发射 6 颗‘冻土’卫星”[③]。该系统将采用多波段工作方式，能对来袭导弹的助推段、中段及末端进行有效探测和跟踪。该系统将“不仅能够探测全球的空天袭击目标（如卫星、战略弹道导弹及高超声速武器等）和战役战术目标（如非战略弹道导弹、

① Объявлено о начале строительства Единой космичексой системы（2014－10－13），www. riasv. ru/entry/110614.

② Единая космическая система в РФ к 2018г будет включать 10 спутников（2014－11－29），http：ria. ru/defense_ safety/20141120/1035744688. html.

③ Тундра（Tundra） / EKS，14F142，http：//mapgroup. com. ua/kosmicheskie－apparaty/27－rossiya/1449－tundra－tundra－eks－14f142.

巡航导弹及飞机等），还能监测太空垃圾，是空天预警的核心组成部分”[①]。此外，该系统能够在发现来袭目标后进行持续跟踪，并引导拦截弹进行拦截，将极大减轻导弹袭击预警雷达和反导拦截系统目标指示雷达的任务。该系统的指挥所设在谢尔普霍夫。俄罗斯目前仅拥有该系统的首颗“冻土”卫星（宇宙2510），该卫星于2015年11月17日发射。

（二）导弹袭击预警超视距雷达

苏联曾建设的3座导弹袭击预警超视距雷达站，分别是位于尼古拉耶夫的“弧－N”雷达站（试验型）、切尔诺贝利的“弧－NM”雷达站和阿穆尔河畔共青城的“弧－NM”雷达站。由于切尔诺贝利核电站发生事故，这3座导弹袭击预警超视距雷达站在1989年前均退出战斗值班。此后，俄（苏）长时间缺乏导弹袭击预警超视距雷达站。直到2013年12月2日，俄罗斯在莫尔多瓦共和国科维尔基诺市附近建成了29B6型“集装箱”预警超视距雷达站。该雷达站于2002年开始研制，“探测距离达3000千米，探测高度达100千米，主要探测西部方向——波兰和德国的所有领土，由于具有180°环视探测范围，还能探测南部方向的土耳其、叙利亚和以色列，以及西北方向的整个波罗的海和芬兰等国家”[②]，到2017年，该雷达站的环形探测角度将升级到240°。

从20世纪80年代末至2013年，俄罗斯一直没有把超视距雷达用于导弹袭击预警。其原因是超视距雷达预测的弹着点误差较大（可达几百千米至上千千米），探测能力易受电离层变化的影响，探测时间过长等。因此，在导弹袭击预警视距雷达快速发展的背景下，俄（苏）反导武器研制机构对超视距雷达的兴趣大大降低，基本停止了建设工作。“原来负责研制‘弧’系列雷达的远程无线电通信科研所，转而研究超视距雷达在防空领域的运用。”[③]

---

① Виктор Мясников, “Единая космическая система предупредит о ядерном нападении”, *Независимое военное обозрение*, октябрь 17, 2014, http: //nvo. ng. ru/armament/2014 - 10 - 17/1_shojgu. html.

② “К запуску новых российских загоризонтных РЛС”, *Армейский вестник*, декабрь 9, 2013, http: //army - news. ru/2013/12/k - zapusku - njvyx - rossijskix - zagorizontnyx - rls/.

③ Николай Родионов, “Первая попытка заглянуть за радиогоризонт”, *Воздушно - космическая оборона*, No. 6, 2011, www. vko. ru/oruжie/pervaya - popytka - zaglyanut - za - radiogorizont.

近年来，随着临近空间高超声速武器及隐形武器威胁的上升，俄罗斯重启对超视距雷达的研究。因为这种雷达能同时探测空气动力目标和弹道目标，并且具有探测隐形目标以及小型目标（如高超声速武器）的能力。“俄罗斯将在远东地区、西伯利亚地区和波罗的海地区部署‘集装箱’预警超视距雷达站。”① 目前，俄罗斯正在建设位于远东阿穆尔州结雅市附近的第二座“集装箱”预警超视距雷达站，“该雷达站将能够监测从堪察加到新西兰及中国的太平洋地区”②。

（三）导弹袭击预警视距雷达

俄罗斯现役导弹袭击预警视距雷达有第二代“第聂伯”雷达、第三代“达里亚尔”雷达及第四代“沃罗涅日”雷达。第四代“沃罗涅日”雷达从20世纪80年代开始研制，目前已完成研制的是“沃罗涅日－M”米波雷达（3组阵面，每组16个子阵面），“沃罗涅日－DM”分米波雷达及“沃罗涅日－VP”米波雷达（6组阵面，每组16个子阵面）三个系列，在研的是“沃罗涅日－SM”分米波雷达。苏联解体后，由于导弹袭击预警视距雷达散落在多个独联体国家，俄罗斯一直加紧建设新的“沃罗涅日”系列雷达站，以摆脱对外国雷达站的依赖。此外，俄罗斯正在“沃罗涅日”雷达的基础上研制“马尔斯”（MARS）分米波机动型雷达，该雷达类似于美国的AN/TPY－2雷达。“马尔斯”雷达将广泛用于S－500系统及A－235系统的侦察预警，并且“既可作为实战设备，又可用作靶场试验设备”③。

目前，俄罗斯共建有12座导弹袭击预警视距雷达站。其中，10座位于俄罗斯：列宁格勒州列赫图西雷达站（“沃罗涅日－M”雷达，监测西北部方向），伊尔库茨克州米舍列夫卡雷达站（“沃罗涅日－M”雷达，监测东部及东南部方向），克拉斯诺达尔边疆区阿尔马维尔雷达站（“沃罗涅日－DM”雷达，环形探测240°，监测西南部、南部和东南部方向），科米共和国伯朝拉雷达站（“沃罗涅日－DM”雷达，监测北部和东北部

---

① Михаил Ходаренок，“«Подсолнухи» апокалипсиса”，https：//www. gazeta. ru/army/2017/02/02/10506665. shtml#page1.

② РЛС «Контейнер» заглянет за горизонт，http：//agitpro. su/rls – kontejner – zaglyanet – za – gorizont/.

③ Радиолокационные станции дальнего обнаружения баллистических ракет и космических объектов，http：//www. arms – exRO. ru/site. xp/049051050056124049056049052. html. .

方向），摩尔曼斯克州奥列涅戈尔斯克雷达站（“第聂伯－M”雷达，监测北部方向），加里宁格勒州皮奥涅尔斯基雷达站（“沃罗涅日－DM”雷达，监测西部方向，覆盖巴拉诺维奇雷达站的监测范围），塞瓦斯托波尔雷达站（“第聂伯”雷达，监测西部方向），克拉斯诺亚尔斯克边疆区叶尼塞斯克雷达站（“沃罗涅日－DM”雷达，监测北部、东北部和东部方向），奥伦堡州奥尔斯克雷达站（“沃罗涅日－M”雷达，监测南部方向）及阿尔泰边疆区巴尔瑙尔雷达站（“沃罗涅日－DM”雷达，监测南部方向）。2座位于境外的雷达站：哈萨克斯坦的巴尔喀什雷达站（“第聂伯－M”雷达）和白俄罗斯的巴拉诺维奇雷达站（“伏尔加”雷达）。

在2017年克拉斯诺亚尔斯克边疆区叶尼塞斯克雷达站、奥伦堡州奥尔斯克雷达站及阿尔泰边疆区巴尔瑙尔雷达站启用后，俄罗斯导弹袭击预警视距雷达的探测范围将实现自苏联解体后的首次闭合，“预警范围覆盖俄罗斯边界以外6000千米——从非洲到北极，从欧洲到美国的西海岸，覆盖范围几乎达半个世界”[①]。

俄罗斯在建的“沃罗涅日”系列雷达站是位于阿穆尔州结雅市的雷达站（“沃罗涅日－DM”）。未来，“俄罗斯还计划在北极和远东再建3座‘沃罗涅日’系列雷达站”[②]，并计划在2020年前将所有导弹袭击预警视距雷达均升级为“沃罗涅日”系列雷达。

当前，俄罗斯导弹袭击预警系统视距雷达正处于第二阶段的部署：第一阶段以莫斯科为中心，以欧洲及北极地区为重点。因为俄罗斯北极方向和西欧方向是敌核打击的主要来袭方向，莫斯科地区则是俄罗斯反导最主要的保护对象，所以现役12座导弹袭击预警雷达主要集中部署在俄罗斯西部领土，其次部署在俄罗斯北极领土。第二阶段是加强在南部方向及东部方向的部署，使俄罗斯导弹袭击预警视距雷达站的探测圈闭合。2017年，俄罗斯将完成在南部的奥伦堡州、克拉斯诺亚尔斯克边疆区的叶尼赛斯克和东部的阿尔泰边疆区“沃罗涅日”系列雷达站的部署，由此，俄罗斯导弹袭击预警视距雷达站的探测圈将首次闭合。未来，俄罗斯还将在

---

① Андрей Григорьев, “Новая РЛС ‘Воронеж’ оставила западные аналоги далеко позади”, https://www.vesti.ru/doc.html? id=2854081.

② Андрей Григорьев, “Новая РЛС ‘Воронеж’ оставила западные аналоги далеко позади”, https://www.vesti.ru/doc.html? id=2854081.

东部的阿穆尔州及伊尔库茨克州雷达站继续建设“沃罗涅日”系列雷达，以进一步加强对俄罗斯南部及东部方向的弹道导弹袭击预警。第三阶段是查漏补缺，完善整体预警能力。未来，俄罗斯将查漏补缺，在北极等重点地区继续建设“沃罗涅日”系列雷达站。并且，到2020年前，俄罗斯将把所有的非“沃罗涅日”系列雷达站升级为“沃罗涅日”系列雷达站，并使各雷达站的探测范围交叉覆盖，以降低虚警率。

在俄罗斯现役导弹袭击预警视距雷达站中，有2座“第聂伯”雷达站、1座“伏尔加”雷达站及9座“沃罗涅日”系列雷达站。

“沃罗涅日”系列雷达的“计算机运算速度约每秒1000亿次”[①]，“探测距离达6000千米，探测高度达4000千米，能同时跟踪500批目标，能监测弹道导弹、卫星以及空气动力目标”[②]。与第二代和第三代预警视距雷达相比，“沃罗涅日”系列雷达具有明显优势：一是“沃罗涅日”系列雷达探测隐身目标的能力更强；二是比前几代雷达的探测距离远（达里亚尔雷达除外）；三是采用模块化设计，部署时间短，组装时间仅为12—18个月（上一代雷达组装时间为5—9年）；四是制造和维护成本更低，“沃罗涅日”雷达的制造成本约为15亿卢布，“达里亚尔”雷达的制造成本约为200亿卢布，“第聂伯”雷达的制造成本约为50亿卢布；五是能耗更低，“沃罗涅日”系列雷达的耗电量仅为0.7兆瓦，而“‘第聂伯’雷达为2兆瓦，‘达里亚尔’雷达为50兆瓦”[③]；六是需要的操作人员更少，“沃罗涅日”雷达的战勤班不超过15人，而“第聂伯”雷达及“达里亚尔”雷达的战斗值勤人员分别为40人和100人。另外，“沃罗涅日”系列雷达的性能在总体上优于美国的“铺路爪”远程预警雷达，其运算能力比“铺路爪”雷达更强，探测距离比“铺路爪”雷达远500千米。不过，在应对临近空间高超声速武器威胁方面，“沃罗涅日”雷达还缺乏对弹道及非弹道混合轨迹信号的处理算法，未来俄罗斯将会加强在这方面的技术研究。

---

① Василий Сычев. “Дальнобойный «Воронеж»”, http://lenta.ru/articles/2011/12/12/воронеж/_Printed.htm.

② РЛС Воронеж - М/ДМ, http: dokwar.ru/publ/vooruzhenie/pvo_i_rvsn/rls_voronezh_m_dm/16-1-0-628.

③ Новейшая РЛС в Иркутской области готовится к выходу в эфир, www.sdelanounas.ru/blogs/9065.

二、太空监视系统的构成与性能

俄罗斯太空监视系统包括1个“窗口”光电监测系统，1个“窗口－S”光电监测系统，1个“树冠”无线电监测系统，1个“树冠－N”无线电监测系统，1个“时刻”（Момент）移动式无线电监测网（2003年列装，部署在诺金斯克，用于监测有信号辐射的航天器），1个航天器过顶飞行报知系统（2003年列装），1个“沙绳－S”和1个“沙绳－T”光电跟踪站等。“该系统还使用俄罗斯及乌兹别克斯坦等国的天文台光学观测站，以及联合国和美国航空航天局等提供的太空数据”[①]，整个系统由太空监视中心统一指挥。目前，俄罗斯太空监视系统能够探测从120千米到4万千米的太空目标，探测精度为5厘米，并能为导弹袭击预警系统提供太空目标编目（特别是非正常运行的航天器的信息，以避免导弹袭击预警系统把坠落的航天器误判为来袭弹道导弹）。

（一）“窗口”和“窗口－S”系统

俄罗斯“窗口”光电监测系统于1969年开始研制，1978年9月完成试验，1980年开始在塔吉克斯坦努列克的桑格洛克山列装，2003年正式投入战斗值班。“‘窗口’光电监测系统能够探测120—40000千米高度的轨道目标”[②]，但只能在夜间使用，因为阳光会损坏望远镜。该系统使用10部光学望远镜及“厄尔布鲁士－90”微型计算机，已编目的太空目标达9000个。至今，俄罗斯仍在不断升级“窗口”系统：一是更新计算机系统，提升信息处理能力；二是升级光学探测设备、扩大探测范围及提升探测精度，从2003年投入战斗值班到2014年，“‘窗口’系统的角坐标测量精度提升了7—9倍，信号敏感度提高了5倍”[③]，俄罗斯还将为“窗口”系统“换装两种新型的探测器，使其穿透能力提升1.5—2个等级、

① Анисимов В. Д. и Батырь Г. С.，“Система контроля космического пространства”，http：//old. vko. ru/article. asp? pr_ sign = archive. 2004. 19. 29.

② ОКНО，https：//ru. wikipedia. org/wiki/Окно_ （оптико－электронный_ комплекс）.

③ Евгений Коломийцев，Владимир Ляпоров и Олег Осипов，“«Окно» как страж российсксого неба”，*Воздушно－космическая оборона*，No. 1，2015，www. vko. ru/oruzhe/okno－kak－strazh－rossiyskogo－neba.

探测范围扩大3.2—5.4倍，以及测量精度提高8—10倍”[1]；三是实现模块化设计、缩小体积和降低能耗，以降低维护成本。通过上述改造，“窗口”系统的“信息处理能力将提升50%”[2]。

此外，苏联还研制了“窗口-S”系统。该系统于1980年开始研制，1990年完成试验，目前正在列装中，部署地点为滨海边疆区雷萨亚山附近的斯帕斯克达利尼。“窗口-S”系统仅负责监测在地球静止轨道及其附近的太空目标，监测高度为3万—4万千米。“窗口”和“窗口-S”的列装“使俄罗斯能够监测在地球静止轨道和大椭圆轨道上的外国航天器”[3]，确定其国籍属性、型号和轨道参数。

（二）“树冠”及“树冠-N”系统

苏联于1974年开始研制“树冠”系统，1976年完成研制草案，1979年在北高加索的泽连丘开工建设，1999年11月完成一期工程（1部分米波A通道雷达、1部激光光学雷达和1个指控中心）的建设，于2010年完工（增加1部厘米波H通道雷达）并正式启用。目前，“树冠”系统由1个指控中心和3部雷达构成，“通过分析太空目标在分米波、厘米波及光波波段探测设备上的反射特性，判定太空目标的坐标、型号及国籍属性等信息”[4]。“树冠”系统的监测高度达3500千米，测量精度为5厘米。

苏联于1979年开始在滨海边疆区纳霍德卡市建设“树冠-N”系统。苏联解体后，俄罗斯对其进行了简易化处理。该系统只包括1座分米段雷达，仅能探测低轨道目标（主要监测美国从西部试验场发射的卫星）。目前，该系统仍在建设之中。

---

① Бельский Александр, Здор Станислав, Колинько Валерий и Яцкевич Николай, “«Окно» в космос”, *Воздушно - космическая оборона*, No. 2, 2010, http://www.vko.ru/oruzhie/okno - v - kosmos.

② Бельский Александр, Здор Станислав, Колинько Валерий и Яцкевич Николай, “«Окно» в космос”, *Воздушно - космическая оборона*, No. 2, 2010, http://www.vko.ru/oruzhie/okno - v - kosmos.

③ Красковский В. М. и Остапенко Н. К., *Щит России: системы противоракетной обороны*, Москва, 2009, с. 424 - 436.

④ Радиооптического комплекса распознавания (РОКР) “Крона” —Система контроля космического пространства Российской Федерации, http://wikimapia.org/6348667/Радиооптичесий - комплекс - роспознавания - космичеких - объектов - «Крона»

（三）阿尔泰光学－激光中心

俄罗斯从2004年起开始建设阿尔泰光学－激光中心，于2014年通过国家试验。“该中心使用光学望远镜和激光器探测太空。光学望远镜口径为60厘米，激光器探测距离为500—40000千米，测量精度达1厘米，能够对卫星精确定位及监测太空垃圾等。”① 俄罗斯计划部署10多个此类监视系统。目前，世界上只有美国的AEOS望远镜（67厘米口径）可与之类比。

总的看来，俄罗斯太空监视系统在能力上稍逊于美国。美国在全球多处部署了太空监测设备，能够监测全球的太空形势，而俄罗斯太空监视系统“只能监测一定轨道倾角（30°—150°）的大椭圆轨道目标及一定经度范围（东经35°—105°）的地球静止轨道目标”②。

第三节　反导指挥控制系统的构成

一、反导武器各子系统的指挥系统

（一）A－135系统的5K80指挥系统

A－135系统的5K80为全自动化指控系统，该指挥系统用5Я67数据传输系统连接各点的数据传输系统。5K80指挥系统使用“厄尔布鲁士－90”微型计算机及其他技术设备。指挥流程是：首先接受并处理来自“顿河－2N”雷达、“多瑙河－3M”及“多瑙河－3U”雷达的探测信息，然后指挥拦截弹发射单元进入作战准备状态，尔后再根据雷达计算出的最佳拦截点下达拦截弹发射指令，最后评估拦截结果。

（二）导弹袭击预警指挥系统

导弹袭击预警指挥系统包括2个指挥所：位于莫斯科近郊索尔涅奇诺戈尔斯克的基本指挥所和位于莫斯科近郊科罗姆纳城的备用指挥所。整个

---

① Алтайский оптико－лазерный центр имени Г. С. Титова, http：//ru. wikipedia. org/wiki/Алтайский_оптико－лазерный_ центр_ имени_ Г. _ С. _ Титова.

② Есин Виктор, “Бреши и окна в противоракетном зонтике страны”, *Независимое военное обозрение*, июль 30, 2012, http：//vpk. name/news/72841_ . html.

导弹袭击预警指挥系统由“藏红花”指挥通信系统相连。

1. 导弹袭击预警卫星指挥子系统

“眼睛”卫星系统的指挥所位于莫斯科州谢尔普霍夫市谢尔普霍夫-15村，负责控制“眼睛”卫星的在轨运行；接收和处理来自“眼睛”卫星的信息，并把处理后的信息发送给导弹袭击预警指挥中心。“眼睛-1”卫星系统的西部指挥所（莫斯科州谢尔普霍夫市谢尔普霍夫-15村）和东部指挥所（阿穆尔河畔共青城的皮万-1村），分别负责监控西半球及东半球的卫星，并接收和处理来自这些卫星的信息。随着“眼睛”和“眼睛-1”卫星系统的退役以及“统一太空系统”卫星系统的部署，俄罗斯将很可能继续使用这些指挥所来指挥“统一太空系统”卫星系统。

2. 导弹袭击预警雷达指挥子系统

导弹袭击预警雷达的基本指挥所位于莫斯科州谢尔普霍夫市谢尔普霍夫-15村，备用指挥所位于远东阿穆尔河畔共青城。导弹袭击预警雷达的指挥所负责控制各预警雷达的运行，接收和加工来自这些雷达的探测信息，并把处理后的预警信息发送给导弹袭击预警指挥中心。

（三）太空监视系统指挥子系统

太空监视中心是太空监视系统的指挥控制中心，负责控制太空监视系统的运行。在信息处理方面，太空监视中心首先通过专用信道接收来自各太空探测设备的信息，然后加工并分类信息，最后再将处理后的信息发给需求单位——导弹袭击预警指挥中心、A-135系统指挥所、反卫指挥中心以及政府机构（如俄罗斯航天署）等。同时，太空监视中心也“向各太空监视设备提供太空目标的信息，引导其展开探测和跟踪”①。

太空监视中心既与诺金斯克的反卫指挥中心相连，又与导弹袭击预警指挥中心相连，还与A-135系统指挥中心相连。太空监视中心向导弹袭击预警指挥中心和A-135系统指挥所发送预警信息，也接受来自这两个指挥系统的预警信息。

（四）非战略反导系统的指挥子系统

俄罗斯S-300VM系统使用9S457M指挥所，配有9S15M2环视雷达

---

① Шилин Виктор и Олейников Игорь, “Проблемы и перспективы развития системы контроля космического пространства”, *Воздушно-космическая оборона*, No. 1, 2010, http: //www. vko. ru/koncepcii/oblast-kontrolya-okolozemnoe-prostranstvo.

和9S19M2“姜”雷达，该指挥所可控制4个火力发射单元。S－300PMU2系统使用83M6E2指挥所，配有54K6E2指挥车和64N6E2（探测距离达3000千米）雷达，可同时指挥6个火力发射单元。S－400系统使用30K6E指挥所，配有55K6E指挥车和91N6E相控阵雷达，通过98Zh6E指挥系统可控制8个火力发射单元。

S－300系统的指挥流程与S－400系统相似，指挥所首先从空防司令部指挥所接收预警信息和拦截指令，然后使用目标搜索雷达截获并跟踪目标，判断目标的飞行轨迹及威胁等级，并把相关信息发送给各火力单元，经任务优化后下达拦截指令。在发射拦截弹后，各火力单元的照射制导雷达负责评估拦截效果，并向指挥所发送相关信息。此后，指挥所决定是否继续发射导弹进行拦截。

未来的S－500系统指挥流程（见图3－2）则相对复杂，因为其指挥系统分为反导和防空两个相对独立的部分，在总指挥所85Zh6－1之下分设55K6MA防空子指挥所和85Zh6－2反导子指挥所。防空子指挥所指挥91N6AM雷达、92N6M雷达，以及51P6M导弹发射装置；反导子指挥所则指挥76T6雷达、77T6雷达及77P6导弹发射装置。

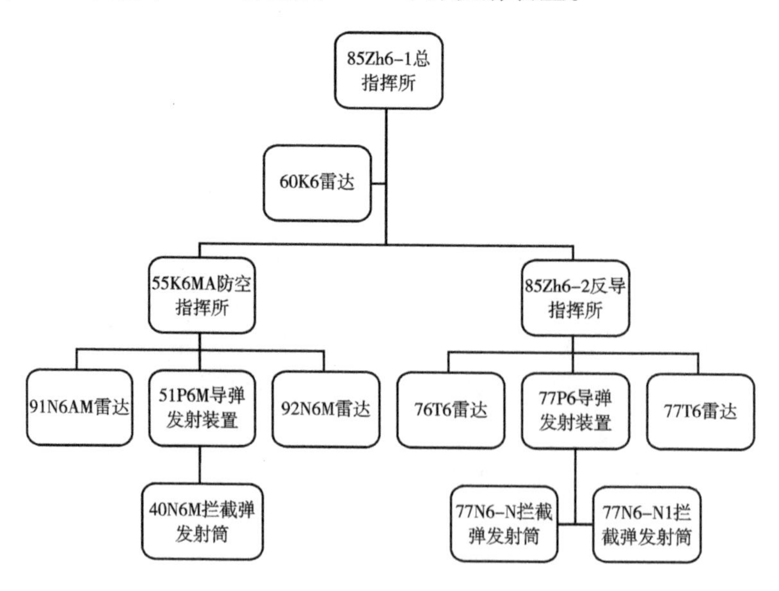

图3－2　S－500指挥结构

资料改编自：C－500，https：//ru. wikipedia. org/wiki/% D1 －500。

二、反导系统指挥控制总流程

俄罗斯反导指挥系统中的战略反导指挥系统和非战略反导指挥系统相对独立，它们分别在各自的指挥环路中运行。

（一）战略反导系统指挥流程（见图3-3）

战略反导指挥系统主要由A-135反导系统指挥中心、导弹袭击预警指挥中心和太空监视中心三部分构成。导弹袭击预警指挥中心接受其下辖的导弹袭击预警卫星指挥中心和导弹袭击预警雷达指挥中心的信息，同时接受来自太空监视中心的信息，并把汇总后的信息上报总参谋部指挥所及其他军地指挥机关。A-135反导系统指挥中心接受来自导弹袭击预警指挥中心及太空监视中心的目标信息。A-135反导系统指挥中心、导弹袭击预警指挥中心及太空监视中心这三个指挥机构相互作用，形成一个闭合的回路，通过军队远程通信网和国家电信网实施数据交换。导弹袭击预警指挥中心是所有预警信息汇总的出口，它通过“藏红花”系统向军政高层发送预警信息，从发现目标到向军政高层发送预警信息的时间不超过35秒。导弹袭击预警指挥中心内建有一个太空监视中心的太空目标编目表备份系统，以及用于导弹袭击预警的作战编目表，能够比对来袭目标，降低虚警率。

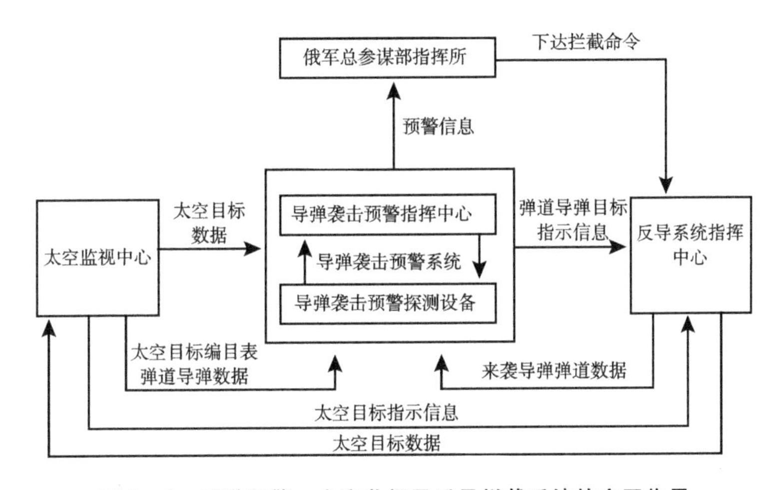

图3-3　导弹预警、太空监视及反导拦截系统的交互作用

（二）非战略反导系统指挥流程

非战略反导系统分散于空天军、陆军、海军。其中，空天军空军的各空天集团军通过“多面手－1E”（Универсал－1Э）系统指挥控制 S－300PMU1、S－300PMU2 及 S－400 系统的指挥所（见图 3－4）。“多面手－1E”指挥自动化系统是空军指挥防空反导部队的核心系统，负责指挥并协调地面防空部队、歼击航空兵部队和雷达部队的行动。“多面手－1E”指挥自动化系统可同时处理 300 批空中目标，同时指挥 17 个地空导弹旅（团）、6 个歼击航空兵团、3 个电子对抗营、3 个雷达旅（团）和 9 个雷达营等，同时协同 6 个防空部队指挥所。该指挥系统的探测距离达 3200 千米，拦截高度达 100 千米，能拦截飞行速度达 4400 米/秒的空中目标。该指挥所还与其他军兵种的防空部队指挥所保持协同。

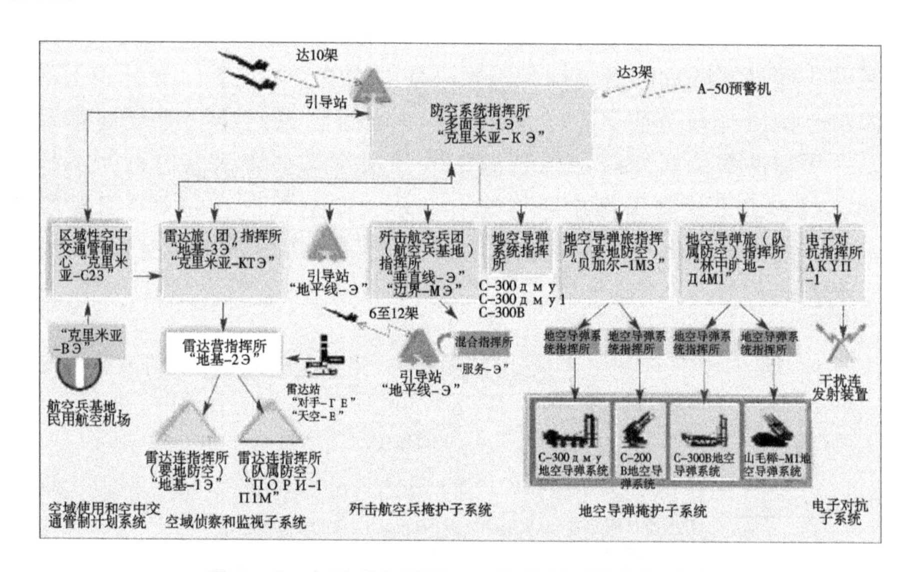

图 3－4　空军“多面手－1E”指挥系统指挥流程

资料改编自：Моренков Владислав и Тезиков Андрей，“Исторический аспект развития АСУ ПВО”，*Воздушно－космическая оборона*，No. 1，2015，www. vko. ru/oruzhie/istoricheskiy－aspekt－razvitya－asu－pvo。

空天军的第 1 防空反导集团军下辖 2 个防空师（S－300PMU2 及 S－400 系统），它使用 S－50 指控系统（原莫斯科特种司令部指挥系统）指挥 2 个防空师。目前，S－50 指控系统已与 A－135 系统的 5K80

指挥所联通，可实现预警信息共享和作战协同。此外，俄罗斯空天军正在建设第六代数字通信网，此举将有利于提升反导系统指挥通信的容量与效率。

陆军各集团军通过“林间空地－D4M1”（Поляна－Д4М1）车载移动指挥所，指挥地空导弹旅（S－300VM及S－300V4系统），对上与军区空防指挥所相接，横向与其他军兵种防空部队指挥所保持协同。北方舰队“彼得大帝”号和“乌斯基诺夫海军上将”号导弹巡洋舰的反导指挥控制系统是导弹巡洋舰指挥控制系统的一部分。

第四节 反导系统的未来发展趋势

随着空天袭击兵器的快速发展及其突防能力的不断提升，俄罗斯反导系统将通过扩大侦察预警范围、提升导弹拦截能力及指控系统的互联互通能力，不断拓展拦截范围和丰富拦截的目标种类，提升整体作战能力。

一、拓展反导系统的拦截空间

未来，随着A－235系统、S－500系统和“勇士”系统的研制完成和实战部署，预计到2025—2030年，俄罗斯将拥有拦截能力更强的新一代反导武器库。

（一）研发陆海通用的S－500系统，不断提升非战略反导系统的机动能力

1．开发机动能力较强的海基防空反导系统

海基防空反导系统能机动部署到敌国近海，可直接破坏敌战略武器的有效性。俄军正在研发海基型的S－500系统。2014年，“俄罗斯已展开可搭载S－500系统的‘领袖’（Лидер）型驱逐舰的试验论证工作，计划新建12艘这种远洋驱逐舰，其中6艘部署于北方舰队、6艘部署于太平洋舰队”[①]。

① Перспективный атомный эсминец получит возможности крейсера，http：//lenta.ru/news/2015/03/02/destcruiser/.

2. 提升陆基非战略反导系统的机动能力

俄罗斯地域辽阔，受导弹袭击威胁的方向众多，陆基机动型非战略反导系统可在危机时快速机动到受威胁方向，遏制可能出现的导弹袭击威胁。近年来，俄罗斯大力研发具有更强机动能力的陆基非战略反导系统，如S－500系统、S－400系统以及“勇士”系统。

（二）非战略反导系统与战略反导系统进一步融合，逐步实现武器系统的系列化和构成要素的通用化

1. 战略反导系统自身实现系列化和通用化

A－135系统在A－35M系统的基础上研制，并留用了A－35M系统的“多瑙河－3U”及“多瑙河－3M”雷达站，而A－235系统在A－135系统的基础上研制，其高层拦截弹、低层拦截弹、雷达等分别通过升级A－135系统的相关部件而成。

2. 非战略反导系统（防空反导系统）系列化和通用化水平进一步提升

S－300P和S－300V系列防空反导系统，过去由两个公司分头研制、自成体系。在2002年“金刚石”和“安泰”公司合并为金刚石－安泰防空联合企业后，俄罗斯防空反导系统开始具有通用性的特点，例如S－400系统就集成了S－300V和S－300P的优点，所使用的拦截弹可向下兼容。未来，S－500与S－400系统的通用性也将进一步增强，两种系统可以任意使用彼此的拦截弹，且均具备“向下兼容”的能力，可使用前一代防空武器系统的某些元件。

3. 非战略反导系统与战略反导系统的通用化

目前，俄罗斯非战略反导系统与战略反导系统之间已经具备了一定的通用性，如现役S－400系统可使用A－135系统的“厄尔布鲁士”系列计算机。未来，俄罗斯将继续提升两者之间的通用性。当前，金刚石－安泰空天防御联合企业同时负责战略反导系统（A－235系统）和非战略反导系统（S－500及“勇士”系统）的研制工作，两者之间的通用性将进一步提升。例如，“A－235系统的77N6近程拦截弹将可用于S－500系统，S－500系统的‘马尔斯’雷达也可用于A－235系统”[①]。

---

① Хюпенен А. И. и Криницкий Ю. В.，“Создание ВКО—необходимое условие обеспечения военной безопасности России”，*Военная мысль*，No. 7，2012，c. 7.

（三）适应空天一体防御的要求，形成战略与非战略反导系统的多梯次配置与拦截能力

从空天防御的梯次部署来看，当前俄罗斯已建立起了由“铠甲”－S1系统、S－300系统、S－400系统及A－135系统构成的立体多梯次部署。未来，俄罗斯将建立由“莫尔菲”超近程地空导弹武器系统（射程6千米）、“勇士”中程防空反导系统、S－400中程防空反导系统、S－500中远程防空反导系统、A－235战略反导系统及反卫系统构成的多梯次空天防御部署。其中，每个系统都不断拓展其上限和下限的拦截范围，以形成严密的防御之“墙”，尤其是将弥补临近空间20—100千米高度的防御薄弱区域的不足。

从未来反导拦截的梯次部署来看，A－235系统的三层拦截弹将能够在15千米到800千米的高度范围内建立起连续的反导拦截网。S－400系统能够在5米至30千米的高度范围内建立其非战略反导拦截网。而S－500的拦截高度则介于二者之间。这样，未来A－235、S－500、S－400及“勇士”系统将能在5米到800千米的高度、7千米到1500千米的距离内建立起战略和非战略反导的严密防御网。

（四）A－235系统实现威慑与实战并重，系统的机动能力不断提升

A－235系统具备动能拦截能力，可实现实战与威慑的双重功能。A－235系统高层拦截弹采用动能或核拦截，中层拦截弹采用破片杀伤拦截或动能拦截，低层拦截弹采用破片杀伤拦截，基本上解决了A－135系统核拦截弹无法用于实战的问题，同时又保留了核拦截方式，提升了威慑效果。

A－235系统将采用速燃技术发动机，使导弹具备快速加速能力，并且将会在弹头部分采用矢量控制技术，使弹头具有灵活机动能力。同时，A－235系统也在提升自身的机动能力，其除远程拦截弹仍采用井基发射外，其中程和近程拦截弹均将采用公路机动或铁路机动方式发射。

二、扩大导弹袭击预警的探测范围

俄罗斯导弹袭击预警系统未来将向提高探测精度和扩大探测范围方向发展。

（一）提升系统性能，扩大探测范围

俄罗斯正在研制的“统一太空系统”将包括地球静止轨道卫星、大椭圆轨道卫星及低轨道卫星，采用多波段全程探测方式，不仅能够探测洲际弹道导弹和潜射弹道导弹，还能监测太空目标和探测战术目标，可极大提升俄罗斯对全球范围内导弹袭击预警的能力。同时，俄罗斯将不断扩大“沃罗涅日”系列雷达的部署规模。到 2020 年，俄罗斯境内的所有导弹袭击预警视距雷达站将均列装“沃罗涅日”雷达，且以最先进的“沃罗涅日 - VP”雷达或“沃罗涅日 - SM”雷达为主。届时，俄罗斯将拥有从边境向外延伸 6000 多千米的高效率、封闭式导弹袭击预警探测圈。

（二）空天预警设备成梯次部署，反导预警功能向防空和反卫领域拓展

未来，俄罗斯防空、反导与反卫预警系统将进一步整合。一方面，反导预警将与防空预警系统接续部署，以增强对临近空间的侦察能力。其中，导弹袭击预警超视距雷达将成为防空、反导预警融合的“黏合剂”。此外，俄罗斯也在提升导弹袭击预警视距雷达的防空预警能力。例如，“俄罗斯正在升级‘顿河 - 2N’雷达站，以提高其对低空目标的预警能力”[①]。另一方面，反导与反卫预警将进一步融合。“沃罗涅日”系列雷达将具备更强大的太空监视能力。“统一太空系统”将使用天基毫米波雷达卫星（如 Arkon - 2 雷达卫星），提升对天基目标的探测能力。俄罗斯也在提升太空监视系统的导弹袭击预警能力。

俄罗斯将拥有三个梯次（战略、战役及战术）的空天预警系统，探测距离分别为 9000 千米、4500 千米及 600 千米。其中“战略级空天预警系统主要由导弹袭击预警卫星及雷达和总参无线电技术侦察系统构成；战役级空天预警系统由导弹袭击预警雷达、超视距雷达、防空雷达及总参无线电技术侦察系统构成；战术级预警系统为俄罗斯联邦空域侦察预警系统的一部分”[②]。

---

① Рахманов Александр и Менячихин Андрей, “Важнейший элемент ВКО”, *Воздушно - космическая оборона*, No. 5, 2010, http: //www. vko. ru/koncepcii/vazhneyshiy - element - vko.

② Андрей Михайлов, “Как строить ВКО в современных условиях”, *Воздушно - космическая оборона*, No. 6, 2010, http: //www. vko. ru/DesktopModules/Articles/ArticlesView. aspx? tabID = 320&ItemID = 393&mid = 2892&wversion = Staging.

（三）增加低轨道预警卫星部署，提升对防空作战的信息保障能力

目前，俄罗斯导弹袭击预警系统服务战役战术级作战行动的能力十分有限。为提升这一能力，俄罗斯将增加低轨道预警卫星的部署，逐步具备将预警信息“发送给每架参战歼击机”[①] 的能力。例如“统一太空系统”将包括低轨道预警卫星。在这方面，世界许多国家已经积累了丰富的实践经验，例如美国的STSS系统就包括低轨道预警卫星。

三、构建空天防御统一指挥自动化系统

俄罗斯反导指挥系统的发展方向是：提升各子系统的自动化水平和通用性；加强战略反导与非战略反导（防空反导）指挥系统的互通性；将反导指挥系统融入一体化的空天防御指挥系统中。

空天军成立后，俄罗斯加大了构建空天防御统一指挥自动化系统的力度。俄罗斯现有的空天防御领域的指挥自动化系统还无法完成空天防御一体化的任务，尚存在不少问题：

一是俄罗斯战略反导系统与防空反导系统的指挥自动化水平不同，这导致A－135系统的“顿河－2N”雷达虽与S－400指控系统实现了联通，但协同效果不佳；

二是空天军航空兵和防空反导兵的指挥系统难以对接；

三是参与空天防御任务的各军兵种的指挥自动化设备兼容性不足，例如空天军和陆军的指挥自动化系统只能部分对接；

四是“空天防御相关指挥系统的生存力和稳定性不足……数字化设备老化严重”[②] 等。

专家建议，应该为空天防御的统一指挥自动化系统指定一个共同的总设计师，并为其设立统一的标准。未来，俄罗斯计划“形成由战略、战

① Рыжонков Вячеслав и Дрешин Александр, “Единство и комплексность ВКО – объективное требование современной войны”, *Воздушно – космическая оборона*, No. 1, 2012, http://www.vko.ru/voennoe – stroitelstvo/edinstvo – i – kompleksnost – vko – obektivnoe – trebovanie – sovremennoy – voyny.

② Сергей Ягольников, “Противоударные эшелоны”, *Военно – промышленный курьер*, № 21, 2016, http://u00252ftodd.vpk – media.ru/articles/30958.

役和战术三个层级构成的一体化空天防御指挥系统"[①]，以实现对空天军、陆军及海军的现役防空、反导、反卫等武器系统的统一指挥。其中，战略层级指挥系统（总参谋部中央指挥所）负责根据威胁向各战略方向分配兵力兵器和空天防御任务；战役层级指挥系统负责根据威胁向各战役方向分配兵力兵器和防空反导任务（包括派出歼击机）；战术层面的指挥机构（防空师、旅等）则负责分配打击目标、提供目标指示和下达拦截命令。"各层级指挥机构都将使用自动算法，自主选择最佳任务分配方案。"[②]

四、研制和使用新型反导拦截武器

目前来看，最有前途的新型反导拦截武器是以激光武器为代表的定向能武器。当前，美俄均具备使用激光器对目标的光电系统实施"软杀伤"的能力，但尚未实现使用激光器对目标实施"硬杀伤"的能力。在激光武器中，机载激光武器的造价最低，"在飞机上部署防空反导激光武器的费用大概为16亿美元"[③]，远低于陆基激光武器和天基激光武器的研发与部署费用。目前，俄罗斯正在恢复和加强机载激光武器的建设。俄罗斯于2012年成立的未来研究基金会（Фонд перспективных исследований），正牵头恢复机载激光武器的研制工作。"该项目中的机载激光武器以苏联A－60项目（机载激光器）为基础。"[④] A－60项目启动于20世纪80年代初，能使用伊尔－76MD飞机携载1LK222激光器对目标实施光电干扰。苏联解体后，该项目被迫停止。目前，俄罗斯未来研究基金会已完成了机载激光器1LK222及伊尔－76MD飞机的修复工作。

携载激光器（用于防空反导）的航空编队将在未来战争中发挥不可

---

① Травкин Александр и Бренер Борис, "Воздушно－космическая оборона: большие перемены", *Воздушно－космическая оборона*, No.1, 2013, http://www.vko.ru/strategiya/vozdushno－kosmicheskaya－oborona－bolshie－peremeny.

② Владимир Барвиненко, "Во главу угла－территориальный принцип системы ВКО", *Воздушно－космическая оборона*, No.3, 2013, http://www.vko.ru/voennoe－stroitelstvo/vo－glavu－ugla－territorialnyy－princip－sistemy－vko.

③ ［俄］В. И. 安年科夫等：《国际关系中的军事力量》，于宝林等译，金城出版社2013年版，第283页。

④ Рябов Кирилл, "У России снова появится боевой лазер?" (2012－11－14), http://topwar.ru/20996－u－rossii－snova－poyavitsya－boevoy－lazer.html.

替代的作用，尤其是在激光器拥有对导弹和卫星等目标的“硬杀伤”能力后，携带激光器的航空编队将具备强大的战略机动性。

一是能够在“距离俄国境线3000—3500千米的范围内，建立起防空反导系统的前沿阵地”①。

二是能够根据威胁，在俄罗斯全境实现跨战略方向的机动。

三是防空反导飞机能够前出打击敌空天袭击兵器的发射阵地，以及保护俄罗斯在远洋巡航的舰艇等目标。

① Цымбалов А. Г.，“Задача - обеспечить стратегическую мобильность”，*Воздушно - космическая оборона*，No. 3，2012，http：//www. vko. ru/operativnoe - iskusstvo/zadacha - obespechit - strategicheskuyu - mobilnost.

第四章　俄罗斯反导力量构成及领导指挥体制

俄罗斯反导力量构成是指俄军参与战略反导和非战略反导行动的各军兵种相关力量的体系及内部关系。反导领导指挥体制是指各军兵种反导力量的领导管理和作战指挥体制。

第一节　反导力量的构成

目前，俄罗斯战略反导与非战略反导力量主要由部署在首都地区的防空反导力量和五大战略方向上的防空反导力量构成。部署在首都地区的防空反导力量主要包括第820导弹袭击预警总中心、第821空间态势侦察总中心、第9反导师和2个防空师。五大战略方向上的防空反导力量包括空军的所有防空师、陆军的部分地空导弹旅以及海军的2个地空导弹团和2艘导弹巡洋舰。

一、空天军的反导力量

早在1992年，俄军总参谋部和防空军参谋部就通过联合论证提出，应保留防空与导弹－太空防御系统，并把担负空天作战任务的部队整合为一个军种，即把空军和防空军合并为空天军。空天军的建立符合空天作战的趋势，有利于形成空天预警、空天拦截打击、空天作战信息保障及空天作战指挥控制的整体能力，能有效应对临近空间高超声速武器等空天一体进攻武器的潜在威胁，有利于增加空天作战的主动性和平衡发展空天防御与进攻武器等。这一构想历经 20 多年的曲折最终得以实现。俄罗斯于 2015 年 8 月通过合并空军和空天防御兵，成立了空天军这一新军种，其功能构成包括空天侦察预警系统、空天打击与压制系统、空天指挥系统及空天保障系统。建立空天军有利于理顺空天领域的领导指挥体制，提升空天作战能力。一是可以对原属空天防御兵的首都地区导弹 - 太空防御兵力和原属空军的其他地区防空反导兵力实施统一行政管理，从而有利于统一建设和管理整个国土上的空天防御力量。二是空天军同时拥有战略进攻力量（远程航空兵）和战略防御力量（空天防御力量），为实施更积极的反导作战奠定了组织基础。三是解决了原部分防空旅/空天防御旅（现防空师）缺少歼击航空兵和电子对抗部队掩护的问题，如原首都地区防空反导司令部不辖歼击航空兵和电子对抗部队，原南部战略方向第 4 空防司令部缺少电子对抗部队。然而，空天军的成立并不能解决所有空天领域的体制编制问题，当前俄罗斯西部地区空天防御力量的统一作战指挥关系还存在问题，如第 1 防空反导集团军与西部军区联合战略司令部指挥的防空反导力量在作战能力上有较大重叠交叉，需要理顺这一地区的作战指挥问题。

空天军的反导力量分别编入其下属的第 1 防空反导集团军、第 15 空天集团军，以及各军区所属的空天集团军。

（一）第 15 空天集团军和第 1 防空反导集团军所属反导力量（见图 4 - 1）

第 15 空天集团军负责导弹袭击预警、太空监视、反卫及太空武器试验，下辖 1 个导弹袭击预警总中心、1 个航天器试验控制总中心、1 个太空态势侦察总中心（含反卫指挥中心）。第 1 防空反导集团军担负首都和中央工业区的防空反导任务，下辖 1 个反导师与 2 个防空师。

第 15 空天集团军的第 820 导弹袭击预警总中心负责确认并跟踪来袭弹道导弹，向国家军政高层发送导弹袭击预警信息，并为 A - 135 系统提供预警信息保障。第 821 太空态势侦察总中心负责监视并编目在轨太空目标，下辖“窗口”系列光电监测站、“树冠”系列无线电监测站及太空监视中心（诺金斯克）等。第 1 防空反导集团军的第 9 反导师列装 A - 135 系统，担负战略反导任务。第 1 防空反导集团军的 2 个防空师分别为第 4 防空师和第 5 防空师，列装 S - 300 系统及 S - 400 防空反导系统，以及

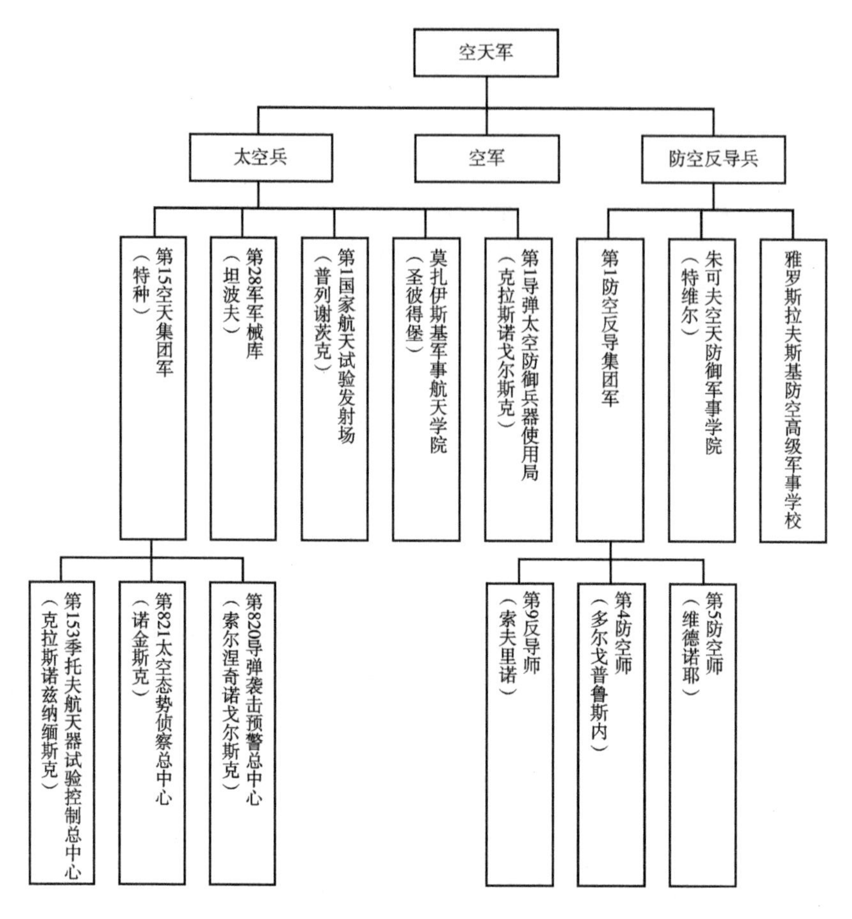

图 4－1　空天军第 15 空天集团军和第 1 防空反导集团军组织架构

资料编自：Структура，http：//structure. mil. ru/structure/forces/vks/pvoipro/structure. htm。

“约 20 部伏尔加、Kasta－2. 2 等新型雷达”①。其中，第 4 防空师（驻彼得罗夫斯克）下辖“第 549 地空导弹团（驻库里洛沃，S－400）、第 606 地空导弹团（驻埃列克特罗斯塔利，S－400）、第 614 地空导弹团（驻彼斯托沃，S－300PM）、第 629 地空导弹团（驻卡布卢科沃，S－300PM）、第 799 地空导弹团（驻恰齐，S－300PS）及第 9 雷达团（驻奥里霍夫

① Войска ВКО получат новейшие радиолокационные комплексы（2012－5－3），www. armstrade. org/includes/periodics/news/2012/0503/100512746/detal. shtml.

卡)，等”[①]。第5防空师下辖“第93地空导弹团（驻丰科沃，S-400）、第210地空导弹团（驻德米特罗夫，S-400）、第584地空导弹团（驻马里伊诺，S-400）、第612地空导弹团（驻格拉戈列沃，S-300PM）、第722地空导弹团（驻克林，S-300PS）及第25雷达团（驻涅斯捷罗沃）等”[②]。

第1防空反导集团军中反导力量的特点：一是首次实现了莫斯科地区战略反导与非战略反导力量的融合；二是担负非战略反导任务的2个防空师以莫斯科为中心形成双层拦截防御圈，内层由第4和第5防空师（6个S-300地空导弹团和1个雷达团组成），负责首都周围200千米范围内重要目标的防空反导掩护，外层由第4和第5防空师（5个S-400地空导弹团和1个雷达团组成），负责首都外围400—500千米范围内重要目标的防空反导掩护。

（二）军区空天集团军所属反导力量

在西部、中部、东部、南部和北方舰队五大联合战略司令部所属空天集团军的编成内有11个防空师。

第6空天集团军总部设在圣彼得堡，在西部军区联合战略司令部的领导下担负西部方向的防空反导任务，“下辖第32防空师（勒热夫）和第2防空师（赫沃伊内）等”[③]。第32防空师下辖3个地空导弹团和2个雷达团；第2防空师下辖5个地空导弹团和2个雷达团。2个防空师可对西部方向重要军事基地提供要地式防空反导掩护，与部署在其周边的歼击航空兵团、电子对抗营等部队协同则可提供要地-区域式掩护。

第14空天集团军总部设在叶卡捷琳堡，在中部军区联合战略司令部的领导下担负中部方向的防空反导任务，“下辖第76防空师（驻萨马拉）

---

① 6-я армия ВКС, https://ru.wikipedia.org/wiki/6-%D1%8F_%D0%B0%D1%80%D0%BC%D0%B8%D1%8F_%D0%92%D0%9A%D0%A1.

② Войска воздушно-космической обороны, https://ru.wikipedia.org/wiki/Войска_воздушно-космической_обороны.

③ Лавров Антон Владимирович, “Военно-воздушные силы России: давно назревшие реформы (2)”, Воздушно-космическая оборона, No.3, 2011, www.vko.ru/voennoe-stroitelstvo/voenno-vozdushnye-sily-rossii-davno-nazrevshie-reformy-2.

和第41防空师（驻新西伯利亚）等”[①]。其中，第76防空师下辖3个地空导弹团和1个雷达团；第41防空师下辖4个地空导弹团和1个雷达团。2个防空师可为中央军区辖区内的重要工业城市和军事基地提供要地式防空反导掩护，可与部署的歼击兵和电子对抗部队协同，提供要地-区域式掩护。

第11空天集团军总部设在哈巴罗夫斯克，在东部军区联合战略司令部的领导下担负东部战略方向的防空反导任务，“下辖第26防空师（驻赤塔）、第25防空师（驻阿穆尔河畔共青城）、第93防空师（驻符拉迪沃斯托克）、1个航空兵师和1个航空兵团等”[②]。其中，第26防空师下辖1个地空导弹团和1个雷达团；第25防空师下辖3个地空导弹团和2个雷达团；第93防空师下辖2个地空导弹团和1个雷达团。3个防空师围绕赤塔、阿穆尔河畔共青城、符拉迪沃斯托克等大型工业城市和军事基地为中心进行部署，为其提供要地式防空反导掩护。其可与部署的航空兵和电子对抗部队协同，为俄罗斯东部边境地区，特别是太平洋沿岸地区提供大区域防空反导掩护。

第4空天集团军总部设在顿河畔罗斯托夫，在南部军区联合战略司令部的领导下担负南部方向的防空反导任务，“下辖第51防空师（驻顿河畔罗斯托夫）、第31防空师（驻塞瓦斯托波尔）和2个航空兵师等”[③]。其中，“第51防空师下辖3个地空导弹团和2个雷达团，第31防空师下辖2个地空导弹团”[④]。2个防空师以顿河畔罗斯托夫和塞瓦斯托波尔为重点配置在黑海沿岸和俄乌边境地区，担负高加索、黑海沿岸地区的防空反导任务，该司令部下辖的航空兵主要担负未部署地空导弹地区的防空任

---

① 14-я армия ВВС и ПВО, https://ru.wikipedia.org/wiki/14-%D1%8F_%D0%B0%D1%80%D0%BC%D0%B8%D1%8F_%D0%92%D0%92%D0%A1_%D0%B8_%D0%9F%D0%92%D0%9E.

② Военно-воздушные силы Российской Федерации, https://ru.wikipedia.org/wiki/%D0%92%D0%BE%D0%B5%D0%BD%D0%BD%D0%BE-%D0%B2%D0%BE%D0%B7%D0%B4%D1%83%D1%88%D0%BD%D1%8B%D0%B5_%D1%81%D0%B8%D0%BB%D1%8B_%D0%A0%D0%BE%D1%81%D1%81%D0%B8%D0%B9%D1%81%D0%BA%D0%BE%D0%B9_%D0%A4%D0%B5%D0%B4%D0%B5%D1%80%D0%B0%D1%86%D0%B8%D0%B8.

③ 参见4-я армия ВВС и ПВО, https://ru.wikipedia.org/wiki/4-%D1%8F_%D0%B0%D1%80%D0%BC%D0%B8%D1%8F_%D0%92%D0%92%D0%A1_%D0%B8_%D0%9F%D0%92%D0%9E。

④ 参见 Воздушно-космические силы, https://ru.wikipedhttp://www.milkavkaz.net/2015/12/vozdushno-kosmicheskie-sily.html。

务，还可与海军基地防空力量协同担负区域性对空掩护。

第45空天集团军总部设在北莫尔斯克，成立于2015年12月，在北方舰队联合战略司令部的领导下担负北极地区的防空反导任务，下辖第1防空师（驻北莫尔斯克）、2个航空兵团。“第1防空师下辖第33地空导弹团（驻新地群岛）、第531地空导弹团（驻摩尔曼斯克）、第583地空导弹团（驻摩尔曼斯克）、第1528地空导弹团（驻北德文斯克）及2个雷达团等。”[①] 其中，第531地空导弹团列装2个S-400营，第1528地空导弹团列装1个S-400营。第1防空师与部署的航空兵和电子对抗部队协同，可共同担负北极地区的防空反导任务。

空军五大空天集团军所辖地面防空部队主要装备的非战略反导系统有S-300PMU1、S-300PMU2和S-400系统。

五大空天集团军下属防空师的反导部署特点：一是在西部、西南、南部、东部和北极方向沿边界形成要地式的反导拦截线，可基本满足对国家边境地区进行非战略反导掩护的需求；二是俄罗斯中部、北部等广阔的国土纵深基本处于非战略反导的空白状态，无法有效防御天基打击兵器的袭击，未来仍有巨大的部署空间；三是防空师与歼击航空兵和电子对抗部队协同，可较好地满足点面结合的要地-区域式防空反导作战的要求；四是随着S-400及S-500系统的陆续列装，非战略反导能力将得到快速提升。

二、陆军队属防空兵的反导力量

俄罗斯陆军队属防空兵共编有12个地空导弹旅。只有列装S-300VM及S-300V4系统的部分地空导弹旅才具有非战略反导能力。其中，南部军区于2014年列装2个S-300V4营，用于担负索契冬奥会的防空反导掩护。“2018年前，俄罗斯还将把2个S-300V营升级为S-300V4营。”[②]

---

① 参见45-я армия ВВС и ПВО，https：//ru. wikipedia. org/wiki/45-%D1%8F_%D0%B0%D1%80%D0%BC%D0%B8%D1%8F_%D0%92%D0%92%D0%A1_%D0%B8_%D0%9F%D0%92%D0%9E。

② Все российские зенитно ракетные системы С-300В будут модернизированы к 2018 году，http：//dfnc. ru/c106-technika/vse-rossijskie-zenitno-raketnye-sistemy-s-300v-budut-modernizirovany-k-2018-godu.

根据规划，到2020年前，俄罗斯陆军的所有地空导弹旅都将列装S－300V4系统。与空天军防空师相比，俄罗斯陆军地空导弹旅的指挥自动化水平相对较低。

三、海军的反导力量

俄罗斯海军四大舰队中共有三大舰队拥有防空反导能力。北方舰队的2艘导弹巡洋舰——“彼得大帝”号导弹巡洋舰和“乌斯基诺夫海军上将”号导弹巡洋舰列装了“里夫”防空反导系统，具有防空反导能力。其中，“彼得大帝”号（基洛夫级）导弹巡洋舰隶属北方舰队科拉区舰队第43导弹舰艇总队，驻科拉半岛瓦延加湾。该舰与战略核潜艇入驻同一基地，入港后能对潜射弹道导弹核潜艇提供一定限度的反导掩护；在海上巡航时，主要为舰艇编队提供防空反导掩护。“乌斯基诺夫海军上将”号导弹巡洋舰经升级改造后于2017年列装北方舰队，其隶属关系不明。

太平洋舰队的第1532地空导弹团（位于堪察加）拥有3个S－400营，波罗的海舰队的第22地空导弹团（位于加里宁格勒州）拥有2个S－400营,均拥有一定的防空反导能力。

此外，“俄军计划到2020年完成对另外3艘基洛夫级导弹巡洋舰（‘纳希莫夫海军上将’号、‘乌沙科夫海军上将’号、‘拉扎列夫海军上将’号）的升级改造工作”[①]。其中，“2011年俄罗斯已经启动‘纳希莫夫海军上将’号的升级改造工作”[②]，计划到2018年完成。根据规划，到2020年，这3艘基洛夫级导弹巡洋舰都将列装S－400或S－500的舰载型防空反导系统。其中，“纳希莫夫海军上将”号配属给北方舰队，“乌沙科夫海军上将”号和“拉扎列夫海军上将”号配属给太平洋舰队。

长期以来，俄罗斯以美国和北约国家为主要对手，因而非常重视战略反导系统（针对美国）及陆基非战略反导系统（针对周边国家）的建设，

---

① ВМФ: РФ возвращает в строй все атомные крейсеры, https://vz.ru/news/2010/7/24/420495.html.

② ВМФ России модернизирует атомный крейсер «Адмирал Нахимов», http://lenta.ru/news/2011/03/25/cruiser/.

而不太重视海基非战略反导力量建设。目前，俄罗斯海基非战略反导力量仍十分薄弱，正处于恢复和上升阶段。

第二节　反导力量的领导指挥体制

俄罗斯反导力量的领导指挥体制包括作战指挥和领导管理两个方面，其中领导管理体制又可细分为训练管理、装备管理及后技保障管理等。

一、反导力量的作战指挥体制

“2014 年底，总参谋部在原中央指挥所基础上成立了国家防务指挥中心。该中心包括 3 个分中心——核力量指挥中心、作战指挥中心及日常活动管理中心（包括对其他军队和机构日常活动的管理）。”[①] 其中，作战指挥分中心负责对武装力量和其他军队、机构在内的整个国家军事组织实施作战指挥，它可直接指挥五大联合战略司令部、兵种司令部和某些战役军团。在反导作战方面，分为两种情况：在局部战争中，总参谋部通过国家防务指挥中心的作战指挥分中心，指挥第 15 空天集团军、第 1 防空反导集团军以及五大联合战略司令部（五大联合战略司令部再分别指挥所辖的集团军）；在应对大规模的全面战争中，总参谋部则通过国家防务指挥中心的作战指挥分中心直接指挥各集团军——第 15 空天集团军、第 1 防空反导集团军以及空军第 4 空天集团军、第 6 空天集团军、第 11 空天集团军、第 14 空天集团军和第 45 空天集团军，以便减少指挥层级，更灵活地跨战略方向运用反导（空天防御）力量。以下详解局部战争中的反导作战指挥体制。

（一）莫斯科地区反导指挥体制（见图 4－2）

莫斯科地区的反导力量均隶属于空天军的太空兵和防空反导兵。为减

① Национальный центр управления обороной заступил на боевое дежурство，http：//военное. рф/2014/Армия6.

少指挥层级和提升指挥效率，俄罗斯重新建立了莫斯科地区的反导指挥体制：总参谋部通过国家防务指挥中心作战指挥分中心直接指挥第 15 空天集团军和第 1 防空反导集团军。第 15 空天集团军负责指挥导弹袭击预警总中心和太空态势侦察总中心的侦察预警行动，第 1 防空反导集团军则负责指挥第 9 反导师的战略反导行动，以及第 4 与第 5 防空师的首都防空反导行动。战时，第 1 防空反导集团军还可指挥莫斯科地区陆军的队属防空兵部队。原太空兵司令部和防空反导司令部均被撤销。

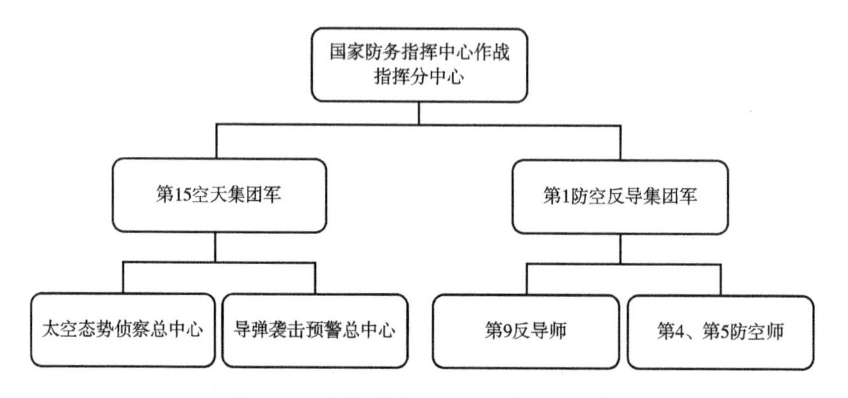

图 4-2 莫斯科地区反导作战指挥流程

（二）五大战略方向反导指挥体制（见图 4-3）

五大战略方向非战略反导力量的指挥体制分为两个方面。一方面，国家防务指挥中心通过四大战略方向联合战略司令部指挥中心统一指挥辖区内的空天集团军司令部，而空天集团军司令部作为战略方向上联合战略司令部的空防作战指挥所，有权指挥防空师的非战略反导力量以及作战配属的陆、海军非战略反导力量。四大战略方向的空天集团军司令部通过“多面手-1E”系统对其下属部队的非战略反导力量实施统一指挥。另一方面，俄罗斯在北极地区建立的北方舰队联合战略司令部，成为第五大战略方向。该战略方向上的反导作战力量为第 45 空天集团军、“彼得大帝”号及“乌斯基诺夫海军上将”号导弹巡洋舰。北方舰队联合战略司令部通过第 45 空天集团军及相应区舰队分别指挥第 1 防空师、“彼得大帝”号与“乌斯基诺夫海军上将”号导弹巡洋舰实施防空反导作战行动。

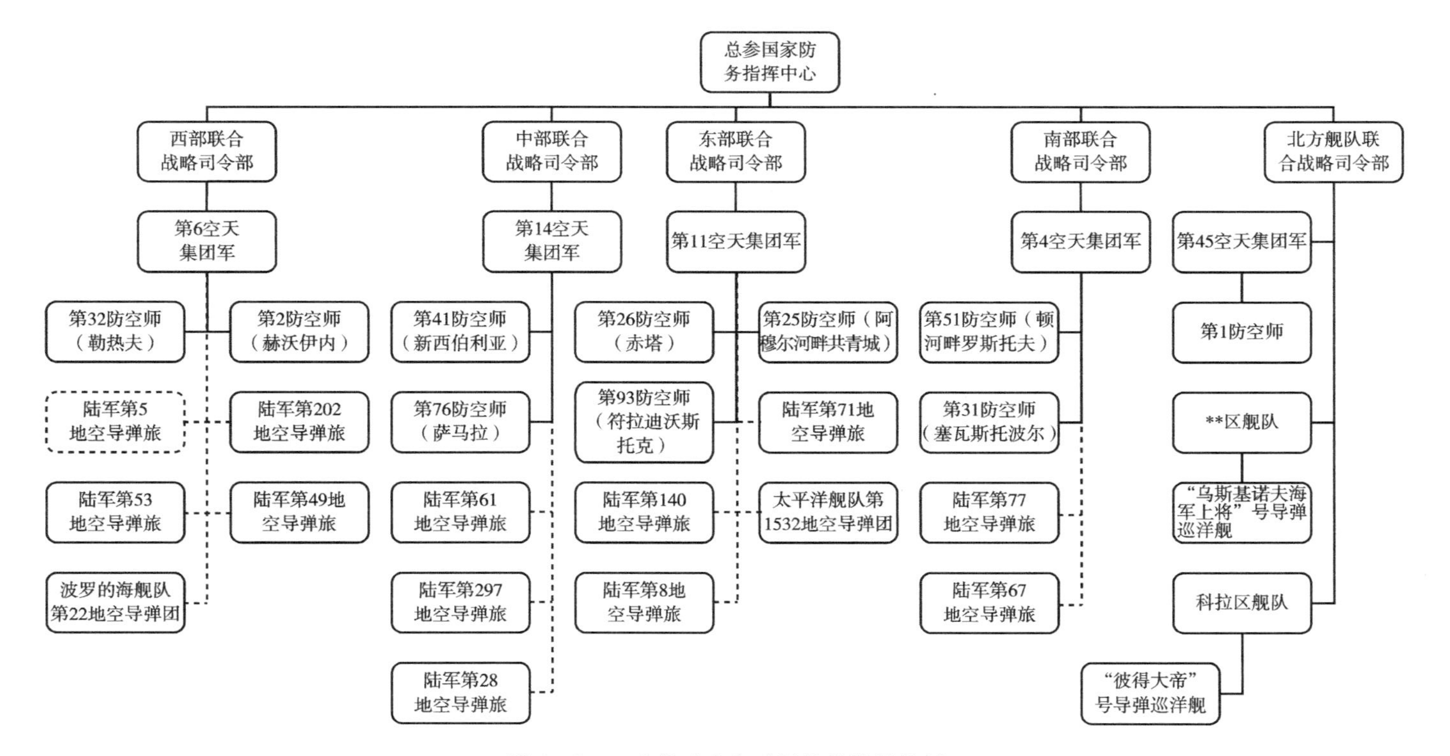

图4－3　五大战略方向反导作战指挥体制

注：虚线表示仅作战时配属。

二、反导力量的领导管理体制

在2008年启动的“武装力量新面貌”军事改革中，俄罗斯武装力量开始实行作战指挥与领导管理职能相对分离的领导指挥体制。空军、海军总司令部被解除了作战指挥权，与陆军总司令部一样只担负本军种的日常管理、战斗训练、装备发展和后勤技术保障等职能。空天军成立后，空天军总司令也同样不拥有作战指挥权，只拥有对本军种的行政管理权。由此，俄罗斯武装力量基本实现了政令分开的领导管理体制。

（一）战斗训练体制

俄军战斗训练是指师旅以下部队开展的基础训练，包括单兵训练、分队训练、专业训练、指挥机关合练和基本战术训练。俄陆、海、空天军的反导部队的战斗训练均由本军种组织，对上接受国防部战斗训练总局的领导。

（二）装备建设体制

俄军反导部队的装备建设主要由各军兵种司令部负责，各军兵种装备部门在本军兵种科学技术委员会的辅助下论证本军兵种装备的发展、规划及采购，由国防部装备采购部门统筹协调。但是，各军兵种的通用装备，如机动式防空反导系统的车辆底盘、通用弹药及指挥系统等，则由国防部相关装备主管部门统一负责研制和采购，各军兵种只负责提出技术指标和订货需求。

（三）后技保障体制

在“武装力量新面貌”改革中，俄军实行了“后技合一”的保障体制，即把装备维修从装备管理体制中剥离开来，与后勤保障合并。为此，国防部设置了1名专司物资技术保障的国防部副部长，其下设物资技术保障参谋部等7个部门。陆、海及空天军司令部都设有物资技术保障局，负责为防空反导部队提供专用物资与技术保障；军区（舰队）设物资技术保障局，负责为辖区内防空反导部队提供通用物资与技术保障。

第三节　反导力量构成及领导指挥体制的未来趋势

反导力量构成及领导指挥体制发展的总体趋势是融入统一的空天防御大体系，以充分发挥防空、反导与反卫力量的最大效能。

一、俄罗斯专家提出成立总参空天防御联合战略司令部

俄罗斯曾在空军的编成内先后试验过莫斯科特种司令部和空天防御战略战役司令部的指挥体制，先后由莫斯科特种司令部和空天防御战略战役司令部负责统一指挥莫斯科地区的防空、反导与反卫力量。根据对这一实践结果的推导，将空天防御作战指挥权交给空天军总司令部不利于对陆、海军防空反导力量的统一指挥，只有将其交给总参谋部，才有可能实现各军兵种空天防御力量的统一指挥。俄罗斯专家已提出“在总参谋部编成内设立空天防御战略司令部”[①] 的方案。当前，已由总参谋部编成内的国家防务指挥中心作战指挥分中心对空天防御力量进行统一的作战指挥，但空天防御联合战略司令部还未成立。未来，不排除会在国家防务指挥中心内设立与核力量指挥中心地位平等的空天防御联合战略指挥中心/司令部，以统一指挥空天军、陆军、海军等武装力量和其他军事组织中的空天防御作战力量。

二、优化反导部署解决覆盖不足问题，向北极方向拓展部署

目前，俄罗斯需要得到反导和空天防御掩护的战略目标至少有 23 个，即“北方舰队和太平洋舰队的 3—4 个基地、战略导弹兵的 8 个导弹阵地、

---

① Александр Тарнаев. Надежной российской системы ВКО нет，Воздушно - космическая оборона，No. 2，2014，http：//www. vko. ru/strategiya/nadezhnoy - rossiyskoy - sistemy - vko - net.

导弹袭击预警系统的2个指挥所、远程航空兵的3个机场、导弹袭击预警系统5个视距雷达站，以及位于莫斯科的国家与军队指挥机关"①。由于俄罗斯地域辽阔，如果对全境内所有战略目标提供防空反导掩护的话，至少需要150个防空反导旅（团）和"约1000个雷达团及25个歼击航空兵团"②。而俄罗斯现有34个防空反导团中，有近一半部署在莫斯科周围，仅能掩护有限的战略目标。尽管到2020年，俄罗斯将可能列装56套S－400系统和10套S－500系统，但空天防御部队的数量仍显不足。未来，"S－400系统的列装数量至少再增加2倍以上，S－500系统再增加5倍以上"③，才能形成覆盖所有战略目标的防空反导能力。

为此，俄罗斯计划通过实施防空反导系统的快速机动，来弥补现有力量覆盖不足的问题，并计划建立由防空反导部队、歼击航空兵部队、雷达部队及电子战部队组成的攻防兼备的防空反导战略机动预备队。未来，随着陆/海基机动型反导系统比例和反导力量远程快速机动能力的提升，俄罗斯将能以有限的防空反导力量为其全境提供更加有效的防空反导掩护。

此外，通过成立北方舰队联合战略司令部，俄罗斯已经将北极方向作为其第五大战略方向。俄罗斯于2015年12月在该战略方向上新组建了第45空天集团军，极大加强了该地区的防空反导能力。未来，俄罗斯将进一步加强在北极方向上的防空反导部署。

三、加强反导领域人才培养，推动反导科研工作的国际化

俄罗斯于2006年出台的《2016年前及以后俄联邦空天防御构想》明确了建立空天防御的主要条款，"其中最重要的是培养能够担负空天防御

---

① Криницкий Юрий, "Научно－концептуальный подход к организации ВКО России", *Воздушно－космическая оборона*, No. 1, 2013, http://www. vko. ru/koncepcii/nauchno－konceptualnyy－podhod－k－organizacii－vko－rossii.

② Б. Ф. Чельцов, "Вопросы Воздушно－космической обороны в военной доктрине России", *Вестник АВН*, No. 1, 2007, c. 2.

③ Храмчихин А., "Воздушно－космическая оборона как возможность", *Независимое военное обозрение*, март 4, 2011, www. aex. ru/fdocs/1/2011/3/4/19201/.

任务的人才，尤其是负责空天防御指挥自动化系统的人才”①。空天军成立后，俄罗斯加快了空天防御建设。未来，俄罗斯将进一步加强空天防御（导弹预警、反导拦截和反卫、太空监视、歼击航空兵作战、电子战等）综合人才的培养，逐步改变过去在反导、反卫或防空领域分别培养专家的做法。俄罗斯现在仅有一所空天防御军事学院能够培训这一综合性人才，未来将进一步拓展这方面的教育资源：一是可能在总参军事学院和莫查伊耶夫斯基军事航天学院设立空天防御专业；二是“增加空天防御领域教学训练中心的数量”②，提高人才的培训质量，特别是可能在空天防御军事学院建立空天防御的统一指挥自动化教学实验中心，用于培养空天防御指挥自动化方面的专业人才；三是颁布相关法规文件，规范空天防御人才的培训计划，提升空天防御人才的专业水平；四是在部队指挥机关、教育培训机构设置空天防御人才岗位，以需求带动教育培训的发展；五是地方院校加大对预备役人员的空天防御课程教学，强化地方院校在培训空天防御人才方面的辅助作用。

在反导领域的科研工作方面，俄罗斯将进一步依托民间智库加强国际交流与合作，将反导融入空天的大领域，通过凸显太空合作奠定空天领域国际交流与合作的基础。国际交流与合作，一方面能够便于俄罗斯了解其他国家空天领域的科技进展，另一方面能够增进相互理解，减缓空天领域的冲突。例如，自空天军成立后，俄罗斯空天领域最有影响力的民间智库——空天防御领域问题体制外专家委员会就不断扩大对外交流。一是成功获取联合国经济社会委员会的顾问地位。“这一地位有利于推动俄联邦在国外的利益，有利于形成研究空天领域世界问题的国际专家团体。”③ 二是将研究重点从空天防御转向空天大领域。该委员会于2015年12月将名称从“空天防御领域问题体制外专家委员会”改为“空天领域问题体制外专家委员会”（Вневедомственный экспертный совет по вопросам воздушно - космической сферы），说明其关注重点不再是空天防御，而是整个空天领域。该委员会定期召开的研讨会也将关注重点从空天防御转向了太空安全，特别是太空垃圾、自然环境变化引起的太空威胁

① Василий Ланчев, “АСУ ВКО: модель для сборки”, *Военно - промышленный курьер*, No. 39, 2015, http: //u00252ftodd. vpk - media. ru/articles/27648.

② Анна Потехина, “Щит над небом”, *Красная звезда*, ноябрь 29, 2013, c. 1.

③ Выход в космическое пространство, *Военно - промышленный курьер*, № 49, 2015.

等问题。三是将出版物的主题内容从空天防御变更为太空安全与太空合作，并将出版物所用的语言从俄语变更为英语。该委员会出版的《空天防御》（ВКО）期刊于2015年年底停刊，由该委员会新出版的英文版期刊《空间》（ROOM）取而代之。与《空天防御》主要刊登俄罗斯如何应对空天威胁的文章不同，《空间》新设航天员、太空环境和太空威胁等板块，且“刊登不少美国和西方等国专家撰写的关于太空合作、太空安全的文章”①。未来，依托民间智库开展国际合作仍将是俄罗斯空天领域科研工作的主要趋势之一。

四、加强航空力量和空天防御力量的多层融合

航空兵在苏联防空作战中的作用历来受到重视。苏联解体后，俄罗斯防空力量锐减——“人员只是原有的1/5—1/4，防空装备只是原有的1/8不到，雷达装备只是原有的1/6，歼击航空兵数量只是原有的约1/6”②，需要防空保护的目标数量却没有大量减少，“防空兵力只能覆盖16%需要保卫的目标”③。俄罗斯的防空作战仍然一直离不开航空兵的火力覆盖作用。

当前，防空时代已经发展为空天防御时代。“世界主要国家在空天进攻和空天防御武器的发展上要花费军费的50%—60%。”④ 空天领域军事力量的地位和作用正在不断提升。航空兵在空天防御中的作用也同样重要。

空天军是通过合并空军和空天防御兵而建立。空天军成立后，航空力量（航空兵）和空天防御力量（太空兵和防空反导兵）的多层融合成为空天军发展的一大要务。未来，俄罗斯将从战略、战役和战术层面全面推进航空力量和空天防御力量的融合，强化航空兵在空天防御作战中的作

---

① Выход в космическое пространство, *Военно－промышленный курьер*, №49, 2015, http://vpk－news.ru/articles/28602.

② Юрий Криницкий, "Особый театр военных действий", *ВКО*, №6, 2015, http://www.vnomera.com.vko.ru/oboronka/osobyy－teatr－voennyh－deystviy.

③ Юрий Криницкий, "Особый театр военных действий", *ВКО*, №6, 2015, http://www.vnomera.com.vko.ru/oboronka/osobyy－teatr－voennyh－deystviy.

④ Владимир Барвиненко, "Уничтожить или сохранить—часть II", *Военно－промышленный курьер*, 2015 №4, http://vpk－news.ru/articles/23701.

用，将空天进攻和防御紧密结合。目前来看，航空力量和空天防御力量融合的难点和重点在于：一是航空兵和太空兵与防空反导兵的指挥自动化系统的对接问题；二是优化航空力量和空天防御力量比例构成的问题；三是明确航空兵各层级在空天防御作战中作用的问题。

第五章　俄（苏）反导力量建设重点处理的关系、基本做法及主要教训

俄罗斯在反导建设中重点处理了反导力量与核力量、反导力量与防空力量、反导力量与太空力量这三对关系。本章将从武器、体制编制的角度重点厘清这三对关系，并总结俄罗斯反导力量建设的基本做法及主要教训。

第一节　反导力量建设重点处理的三对关系

鉴于本书的研究对象——“反导力量”是指反导兵力和兵器，那么核力量、防空力量及太空力量也分别相应指核兵力和兵器、防空兵力和兵器、太空兵力和兵器。

一、反导力量与核力量的关系

从理论上看，俄（苏）反导力量与核力量的关系主要表现为两个方面：一是俄（苏）反导力量有助于提升核力量的效用，俄（苏）反导力量的增强会减轻核力量建设的压力，反导力量的不足则会加重核力量建设的任务负担；二是俄（苏）战略反导武器与核武器之间有一定的通用性，具体来说，战略反导拦截武器与核武器的运载工具可以通用，并且导弹袭击预警系统可同时为核力量运用提供预警信息。战略反导武器及核武器的通用性特点正是俄（苏）历史上曾合并战略反导部队与核部队的主要理由。

具体来说，在反导武器及核武器的建设关系上，1968 年前，苏联官方认为反导拦截武器能在很大程度上抵消敌人的核进攻，因而奉行同步发

展反导拦截武器及核武器的政策。至1968年，苏联专家判定，反导拦截武器无法有效拦截大规模分导式核弹头，研制具有突防能力的核武器的性价比远远高于研制反导拦截武器。因此，1968年后，俄（苏）开始执行有限发展反导拦截武器、大力发展核武器的政策。未来如果以激光器为代表的新型反导拦截武器能够实现助推段拦截，反导武器将可能具备拦截大规模分导式核弹头的能力。届时，俄罗斯有可能再次采取同步发展“矛”与“盾”的政策。

在反导兵力与核兵力建设的关系上，俄（苏）曾尝试合并战略反导部队与核部队，但实践证明这一做法并不可取。1997年前，俄（苏）反导部队与核部队一直分别隶属于防空军及战略火箭军，在体制编制上相互独立。在1997年的武装力量改革中，俄罗斯军队高层认为，既然战略反导部队与核部队共用同一个导弹袭击预警中心，并且战略反导武器的拦截弹与核运载工具（弹道导弹）可以合并生产线，那么就可以把战略反导部队与核部队合并，以节约军费。于是，俄罗斯将战略反导部队（导弹－太空防御兵的导弹袭击预警军与反导军）从防空军转入了战略火箭军。这一做法对反导部队的发展产生了十分消极的影响：一方面致使战略反导部队的地位有所下降，并入战略火箭军后的战略反导部队“没有得到过一枚拦截弹的补充，沦为战略火箭军的辅助兵力”①；另一方面致使战略反导部队与非战略反导部队相互脱节，使它们隶属于不同军兵种，增加了作战协同的难度。由于这些消极后果，俄罗斯于2001年又把战略导弹部队从战略火箭军中独立出来，并持续探索新的组织体制。此后，俄罗斯再也没有出现合并战略反导部队及核部队的情况。

二、反导力量与防空力量的关系

由于俄罗斯防空力量事实上包括非战略反导力量，我们这里主要讨论反导力量与不包含非战略反导力量在内的防空力量的建设关系。俄（苏）反导力量建设与防空力量建设的关系原理是：反导兵力兵器均从防空兵力

① Волков С. А.，“Путем проб и ошибок”，*Воздушно－космическая оборона*，No. 2－4，2010，http：//www. vko. ru/voennoe－stroitelstvo/putem－prob－i－oshibok－1；http：//www. vko. ru/voennoe－stroitelstvo/putem－prob－i－oshibok－2；http：//www. vko. ru/voennoe－stroitelstvo/putem－prob－i－oshibok－3.

兵器中发展而来；反导兵力兵器需要得到防空兵力兵器的保护；反导兵力兵器与防空兵力兵器相互配合，密不可分。

在反导武器及防空武器的建设关系上，俄（苏）以防空武器为基础研制了战略反导及非战略反导武器。苏联首个战略反导拦截系统A系统就是以地空导弹武器系统为基础研制而成，俄罗斯非战略反导武器也可以说是防空武器性能提升的成果。同时，由于反导武器易受到敌航空兵的袭击，而其拦截弹不应用于自我保护，而应用于更有价值的拦截，所以俄罗斯需要使用近程地空导弹武器掩护战略反导武器及非战略反导武器。例如，目前俄罗斯已把“铠甲-S1”近程地空导弹武器系统列装在S-400部队中[①]。

在反导兵力及防空兵力的建设关系上，苏联于1967年在国土防空军编成内成立了首个战略反导部队，并一再扩充该部队的力量，1992年，俄将该部队升级为导弹-太空防御兵。1997年前，俄（苏）反导部队一直与防空部队同处于防空军的编成内，相互密切配合。在1997年的武装力量改革中，俄罗斯把战略反导部队并入战略火箭军，把防空部队及非战略反导部队并入空军。这导致战略反导部队与防空部队相互分离，使战略反导行动与防空行动的组织协同更加困难。此后，俄军多次试图恢复两者的协同关系，先后成立了独立兵种（太空兵、空天防御兵）以及试行性司令部（莫斯科特种司令部、空天防御战略战役司令部），都未能解决这一问题。直到空天军的成立，这一问题才迎刃而解。尽量避免使反导部队与防空部队分离是俄（苏）反导建设的一条重要经验。

三、反导力量建设与太空力量的关系

太空力量包括军事航天力量（负责航天器的发射、运行及测控）和太空防御力量（负责太空监视和太空攻防作战）两个部分。太空兵器是指“能在空间或自空间执行军事任务的武器系统”[②]，太空兵力是指“各

---

① Лавров Антон Владимирович, “Военно - воздушные силы России: давно назревшие реформы (3)”, *Воздушно - космическая оборона*, No. 4, 2011, www. vko. ru/voennoe - stroitelstvo/voenno - vozdushnye - sily - rossii - davno - nazrevshie - reformy - 3.

② Главная редакционная комиссия вооруженных сил Российской Федерации, *Военная энциклопедия в восьми томах (2 - ая тома)*, Москва: Военное издательство, (4 - ая тома), 1999, с. 226.

军兵种中使用太空武器的部队，用于遏制敌在太空或自太空的进攻，并防止敌获得战略太空优势”①。太空兵力主要包括军事航天力量和太空防御兵力两个部分。俄罗斯（苏联）反导力量与太空力量建设的主要关系可概括为：反导力量和太空力量中的太空防御力量一直是作为一个整体——导弹－太空防御力量——在发展。

在俄（苏）反导武器及太空武器的建设关系上，俄（苏）反导武器与太空武器中的太空防御武器“捆绑”发展，也就是说，俄（苏）一直同步发展导弹袭击预警系统、反导拦截系统、太空监视系统及反卫武器系统，使它们相辅相成、相互促进。其中，苏联于1978年就实现了这四个系统之间的互通互联。美国退出《反导条约》后，由于反导武器和太空防御武器的发展基本不再受条约的约束，俄罗斯进一步加大了反导武器与太空防御武器的同步发展步伐，开始重点发展新型反导反卫通用武器。

在俄（苏）反导兵力与太空兵力的建设关系上，俄（苏）一直把首都地区反导部队及太空防御部队合并发展，从1997年起，又把军事航天力量并入其中。空天军成立后，首都地区反导部队、其他地区反导部队、太空防御部队和军事航天力量全部得到整合。目前，空天军下辖太空兵、防空反导兵和空军。其中，太空兵包括军事航天力量与太空防御部队以及反导部队中的第820导弹预警总中心，防空反导兵则包括首都地区的战略反导拦截部队和非战略反导部队，空军包括其他地区的非战略反导部队。

第二节　反导力量建设的基本做法

纵观俄（苏）反导力量的建设过程，我们发现，俄（苏）在反导力量建设的战略指导、框架设计、装备发展、组织建设、作战运用及教育科研等方面形成了一套基本的做法。

---

① Главная редакционная комиссия вооруженных сил Российской Федерации, *Военная энциклопедия в восьми томах*（*2－ая тома*），Москва：Военное издательство，（4－ая тома），1999，с. 227.

一、在战略指导上，从对称回应转向非对称回应，科学调整反导力量的战略定位

（一）俄（苏）反导力量建设的指导原则从对称回应转向非对称回应

对称回应是指遭遇敌消极影响的一方，对敌采取与敌行动性质、程度、类型和方法等相同的对抗行动。非对称回应的实质是指“在某一方面遭受敌人消极影响的一方，采用其他（与敌对方不同）的对抗目标以及行动类型、方式和方法，这些行动的强度、效果和规模可保障实现既定目标”[①]。俄（苏）反导力量建设的指导原则经历了从对称回应到非对称回应的转变，主要体现在两个方面：一是相比于美国核力量建设水平，俄（苏）反导力量建设的指导原则从对称回应向非对称回应转变；二是相比于美国导弹防御力量建设水平，俄（苏）反导力量建设的指导原则从对称回应向非对称回应转变。

从美国核力量建设与俄（苏）反导力量建设的关系看：在第一阶段（1953—1968年），苏联反导力量建设实施对称回应的指导原则。在这一阶段，苏联瞄准美国核力量的最新发展成果更新对己反导力量的能力要求。例如，“1959年，美国列装第一代‘宇宙神’洲际弹道导弹（射程超过10000千米）”[②]，并开始研制性能更强的“大力神－2”“民兵－2”单弹头弹道导弹。随后，苏联高层即于1960年1月7日发布了研制A－35反导系统的命令，要求A－35系统能够拦截8枚“大力神－2”“民兵－2”弹道导弹。在第二阶段（1968年至今），苏（俄）反导力量建设实施非对称回应的指导原则。根据苏军总参谋部于1967—1970年的跟踪分析，截至1970年7月，美国研制出了陆基和海基分导式多弹头弹道导弹（3—10枚），如“民兵－3”洲际弹道导弹、“北极星－A3T”潜射弹道导弹以及“海神－C3”潜射弹道导弹等。针对美国分导式多弹头弹道导弹的出现，苏（俄）专家早就预先意识到，反导力量无法有效拦截大规模分导式多弹头弹道导弹的袭击，因而采取有限发展反导拦截力量，优先发展有助于

---

① ［俄］В. И. 安年科夫等：《国际关系中的军事力量》，于宝林等译，金城出版社2013年版，第281页。

② 建业、兆然：《俄罗斯A－135战略反导系统》，《航空知识》2000年第1期，第36页。

提升太空威慑能力的导弹袭击预警和太空监视系统。苏联反导专家 A. G. 巴西斯托夫等人于 1968 年就提出："拦截具有突防能力的、分导式多弹头的大规模弹道导弹袭击不现实；反导拦截系统应重点放在拦截具有突防能力的有限数量弹道导弹上；鉴于反导及太空形势的不断变化，应将导弹－太空防御的侦察监视系统，即导弹袭击预警系统和太空监视系统作为最优先的发展方向。"[①] 由此，苏（俄）反导力量建设的指导原则开始由对称回应转向非对称回应。

从美俄导弹防御（反导）力量的发展关系来看：在第一阶段（20 世纪 50 年代到 80 年代中叶），苏联反导力量建设采取对称回应的指导原则。这一时期，美苏反导力量建设总体上呈现出"你追我赶"的竞争态势。具体来说，美国的反导拦截力量落后于苏联，美国的导弹袭击预警力量又优于苏联。在反导拦截力量建设上，美国从 1956 年起先后研制出了"奈克－宙斯"和"奈克－X"反导系统、"哨兵"反导系统及"卫兵"反导系统。苏联则从 1953 年开始先后研制出了 A 反导系统、A－35 反导系统及其他未"修成正果"的反导系统，取得了领先于美国的积极成果。

在导弹袭击预警力量建设上，美国于 20 世纪 60 年代初就开始部署导弹袭击预警系统，包括：1970 年开始运行的 IMEWS 导弹袭击预警卫星系统；1968 年开始运行的超视距雷达，包括 5 个西欧接收中心和 4 个太平洋传输中心共 9 个中心；1960—1963 年开始运行的 BMEWS 导弹袭击预警视距雷达监视系统，包括 3 个分别位于英国的菲林代尔斯皇家空军基地、阿拉斯加的克利尔空军基地及格陵兰的图勒空军基地的视距雷达站，探测距离超过 4500 千米，能够监测来自北方、东北及西北方向的弹道导弹；1971 年开始运行的潜射弹道导弹雷达监测系统，包括 8 个探测距离达 1500 千米的雷达站，能够监测苏联的第二代潜射弹道导弹。在这方面，苏联明显落后于美国，并一直以美国为目标积极追赶。例如，1964—1965 年，苏联在得知美国已成功研制"米达斯"号导弹袭击低轨道预警卫星后，加快了对低轨道预警卫星的研制工作。当 20 世纪 60 年代末美国不再推动"米达斯"低轨道预警卫星的建设，转而研制 IMEWS 地球静止轨道预警卫星后，苏联也开始转而研制高轨道和地球静止轨道的预警卫星。再

---

① Красковский В. М. и Остапенко Н. К., *Щит России: системы противоракетной обороны*, Москва, 2009, с. 256－257.

如，由于美国“卫兵”反导拦截系统的目标识别跟踪雷达（MSR）具备了区分真假弹头的能力，“苏联也开始积极研制反导拦截系统的‘顿河-2N’雷达”[①]，等等。

在第二阶段（20世纪80年代中叶到2001年），对称回应仍然是苏（俄）官方对反导力量建设采用的指导原则，但是非对称回应思想已在苏（俄）出现并不断发酵。自美国于1983年提出“战略防御倡议”计划后，非对称回应思想开始在苏联“发酵”。美国提出“战略防御倡议”后，韦利霍夫、科科申、萨格杰耶夫等一大批苏联专家提出，应采用非对称的方式进行回应，主张优先发展反卫、电磁干扰和节点破坏等进攻性手段，以此化解美国的战略讹诈。但针锋相对的大国思维惯性使苏联高层继续采用对称回应的方式，在反导防天等军事领域与美国进行消耗式的军备竞赛。这最终拖垮了苏联经济。苏联解体后，迫于国力的限制，俄罗斯虽“有心”但已“无力”进行对称回应，只能将反导力量的建设重点局限于试图恢复苏联时期的反导力量。

在第三阶段（2001年至今），俄罗斯高层高度重视非对称回应方法，并将其作为反导力量建设的国家指导原则。由于2001年美国单方面退出《反导条约》并在欧洲部署导弹防御系统，俄罗斯战略核力量的生存面临严重威胁。在军事实力严重不对等的情况下，非对称回应方案受到俄罗斯军政高层的高度重视。特别是普京主政后，俄罗斯军政高层开始认真反思苏联与美国开展军备竞赛的经验教训，重新思考采用何种方式才能有效保卫国家安全的问题。经过深度反思和认真权衡，俄罗斯军政高层将非对称回应作为指导俄军力建设（包括反导力量建设）的基本原则。在反导领域，俄罗斯采用了全新的非对称回应指导原则：第一，调整反导系统的掩护重点，在加强对首都提供掩护的同时，加强对战略核力量的掩护，以确保俄始终拥有实施第二次核打击的能力；第二，为战略导弹兵和海基战略核力量研制并列装能突破美国导弹防御系统的新型高效战斗部，以提高战略核力量的突防能力，维持俄美总体的战略稳定；第三，研制和列装在必要时能攻击敌导弹防御系统的武器，比如在加里宁格勒部署的“伊斯坎德尔”战役战术导弹系统，在有争议地区——德涅斯特河沿岸共和国部

---

① Красковский В. М. и Остапенко Н. К., *Щит России: системы противоракетной обороны*, Москва, 2009, с. 274 - 275.

署的“伊斯坎德尔”战役战术导弹系统，都能在战时打击美国部署在欧洲的导弹防御系统；第四，研制反卫和干扰天基武器系统的电磁武器，必要时摧毁或瘫痪支撑美国军事优势的太空资产，占领太空领域制高点；第五，对裁军及军控持不合作态度，如宣布退出《欧洲常规武器条约》，消极参与核裁谈判，威胁退出《中导条约》及 START Ⅲ 条约等。通过采取这些措施，俄罗斯可以以较低的投入达到对称式回应无法达到的效果。

自 2004 年美国提出“全球快速打击”计划后，俄罗斯再次以非对称回应的原则重新规划了反导力量的发展，将其作为应对以临近空间高超声速武器为主的空天一体打击武器的主要手段，使其成为空天防御力量的主体，与美国的导弹防御力量采取了不同的发展道路。

（二）科学调整反导力量的战略定位，积极构建新型战略遏制体系

根据威胁变化，俄（苏）高层科学调整反导力量的战略定位，使反导力量的战略定位变化呈现 U 字形特征。本书第一章第二节已详述这一内容，在此不做赘述。从 2004 年美国提出“全球快速打击”计划至今，俄罗斯不断提升反导力量的战略地位，将其作为应对空天一体打击武器的主要手段，使其成为空天防御力量的主体。由此，俄罗斯也在不断提升空天防御遏制力量的地位，构建战略进攻遏制（核遏制）＋战略防御遏制（空天防御遏制）的双重遏制体系，对美国以核威慑、常规打击力量（包括全球快速打击武器）威慑及导弹防御威慑构成的新三位一体威慑体系形成非对称回应。

二、在框架设计上，从导弹－太空防御一体化向空天防御一体化过渡

（一）俄（苏）反导力量建设长期坚持导弹－太空防御一体化框架设计

导弹－太空防御力量的一体化建设是俄（苏）反导力量建设遵循的基本原则之一，其核心是反导与反卫一体化。坚持这一原则的原因有以下几点。

一是反导与反卫武器技术相通。首先，太空监视系统与导弹袭击预警雷达的技术相通。太空监视系统包括雷达监测和光学监测两个部分，分别用于监视中低轨道目标和高轨道目标。其中，前者以“树冠”系统、OS－1 和 OS－2 太空监视雷达站为代表，均以导弹袭击预警雷达为基础研制而成。其次，反导与反卫的预警信息相互补充。导弹袭击预警系统、反导

拦截系统的目标指示雷达以及太空监视系统之间相互补充预警信息。最后，反导拦截能力与太空攻防作战能力相互“补强”。战略反导系统及高性能非战略反导系统均具备拦截低轨道卫星的能力，太空攻防武器则能干扰或打击导弹袭击预警卫星，使反导系统失去“眼睛”。

二是太空威慑需要反导力量“掩护”反卫力量发展。反导力量可为反卫力量的发展提供良好的掩护。由于反卫武器属于进攻性武器，容易遭到国际社会的道义谴责，反导武器属于防御性武器，更容易获得国际社会的认可，因此各国常借发展反导武器之名行发展反卫武器之实，暗度陈仓，以达到一举两得的效果。俄罗斯当然也不例外。

从历史实践来看，早在20世纪60年代初，V. N. 切洛梅就对反导反卫的一体化建设进行了初步探索。1959—1964年，由V. N. 切洛梅领导的第52特种设计局进行了反导与反卫共用一个系统的最初尝试。1960年6月23日，苏联高层下令由V. N. 切洛梅担负“歼击卫星”反卫项目的总设计师。3年后，苏联高层又发布《关于研制国土反导系统》的命令，委任切洛梅牵头研制“撞击”（Таран）反导系统。“歼击卫星”与“撞击”两个系统有较多的功能重叠。“歼击卫星”项目包括：1个位于诺金斯克的反卫指挥所、OS-1和OS-2雷达站、反卫卫星及发射场。其中，OS-1和OS-2雷达站使用的是导弹袭击预警系统的德涅斯特系列雷达，诺金斯克反卫指挥所就设在太空监视中心内。“‘撞击’反导系统计划分三个梯次进行拦截：第一梯次为远程拦截，使用UR-100中型拦截弹，可携带1000万吨当量的核弹头；第二梯次为中程拦截（1000千米内），仍使用UR-100中型拦截导弹，但使用威力较小的特殊弹药；第三梯次为近程拦截，使用S-225拦截弹。该系统的中、远程拦截系统可用于拦截中低轨道卫星。”[①] 作为两个项目的总设计师，切洛梅希望深度融合反导和反卫的预警与拦截功能。他一方面积极推动把德涅斯特系列雷达同时用于导弹袭击预警系统雷达站RO-1和RO-2以及太空监视系统雷达站OS-1和OS-2，另一方面则寄希望于“撞击”系统能够同时具备强大的反导和反卫能力。然而，1964年赫鲁晓夫下台后，作为赫鲁晓夫亲信的切洛

① Кокошин А. А., *Политико - военные и военные - стратегические проблемы национальной безопасности России и международной безопасности*, Москва: Издательский дом Высшей школы экономики, 2013, с. 143 - 156.

梅因受政治牵连被调离“歼击卫星”反卫系统及“撞击”反导系统总设计师的岗位。尽管切洛梅主导的反导与反卫兵器融合式发展只持续了几年，但其开创的反导与反卫力量一体化建设的思路，为日后俄（苏）导弹－太空防御力量的整体发展奠定了基础。

此后，俄（苏）反导力量及反卫力量的发展一直是相辅相成的。在武器发展方面，1962年11月15日，苏联高层通过了《关于建立歼击机目标搜索与指示系统》《关于建立导弹袭击预警系统》《关于建立国家太空监视系统》《关于建立针对弹道导弹、核爆炸和飞机的超远程监视试验型综合系统》等一系列决议，明确同时发展太空监视系统、反导拦截系统、导弹袭击预警视距雷达及导弹袭击预警超视距雷达四个武器系统。1978年，太空监视中心与导弹袭击预警指挥中心及反导拦截系统指挥中心实现了互联互通，开始提供相互补充的预警信息。在组织编制方面，苏联于1967年成立了集反导与反卫力量为一体的导弹－太空防御部队。在此后的历次军事改革中，导弹－太空防御部队始终作为一个整体，未被拆分。

（二）近年来俄罗斯反导力量建设开始执行空天防御一体化框架设计

近年来，俄罗斯除继续坚持导弹－太空防御一体化发展的基本指导原则外，开始初步实施包括反导、反卫及防空在内的空天防御一体化发展的指导原则。其实，空天防御一体化发展的构想由来已久，只是怠于实施。20世纪70年代，苏联的科学家们就提出了空天防御一体化发展的设想。苏联国防部于1986—1988年组织实施了代号为“前景”的研究项目，苏联解体后俄罗斯空天防御军事学院又于1991—1993年开展了关于空天防御建设问题的研究。根据其研究结论，俄联邦总统叶利钦于1993年发布了《关于俄联邦防空的命令》，首次从法律上明确了空天防御一体化的建设原则。然而，由于派系斗争等原因，空天防御一体化的规划并没有得到有效落实，只是“一纸空文”。直到2006年俄联邦总统普京发布《俄联邦空天防御构想》，俄罗斯才真正开始落实这一指导原则。具体来看，在武器建设方面，俄罗斯大力推动反导、反卫及防空武器的通用化进程，还为此专门成立了金刚石－安泰空天防御联合企业等企业。在组织建设方面，俄先后成立了莫斯科特种司令部和空天防御战略战役司令部，尝试构建空天防御力量的联合运用机制，并于2015年成立空天军，为空天防御一体化建设提供了组织体制保障。

三、在装备建设上，采用先分建后合用策略，合并机构推动武器装备通用化进程

在反导系统的初建时期，苏联采用各分系统独立分建的方法。20世纪五六十年代，苏联科学院无线电技术所、国防部第1设计局、国防部第45科研所等部门分别负责研制导弹袭击预警雷达、反导拦截系统及太空监视系统。在各分系统通过实验后，苏联以各子系统为基础组建反导部队。之后，苏联又通过合并相应部队来促进各分系统的合用。其中，导弹袭击预警雷达及反导拦截系统最先通过实验，1967年，苏联首先以这两个系统为基础成立了反导与防天兵。在太空监视系统于1970年初步形成作战能力后，苏联又把太空监视系统的机构——太空监视中心并入反导与防天兵。经过20年的分建，三个分系统于1970年进入了合用阶段。

然而，由于导弹袭击预警系统、反导系统及太空监视系统等各分系统由不同的设计师设计，采用不同的坐标系计算导弹轨迹，因此系统合用遇到了不少困难。为避免以后再出现缺乏统一标准等问题，苏联无线电工业部副部长V. I. 马尔科夫提议整合导弹袭击预警系统、反导拦截系统及太空监视系统的龙头企业，建立“信号旗”中央科研生产联合体。苏联高层于1970年1月15日正式发布关于建立“信号旗”中央科研生产联合体的命令，该机构由马尔科夫主管，国防部部长直接领导，接纳了来自俄罗斯、乌克兰和白俄罗斯的10个科研所和10个军工企业，集中了不同反导分系统的研制专家。该机构的成立使各分系统的融合工作取得了显著成效。该机构成立后，迅速成立了联合科研委员会以及负责研制反导拦截系统、导弹袭击预警系统和太空监视系统整合问题的第一特种设计局（СКБ-1）。第一特种设计局的工作成效显著，于1971年研制出关于导弹袭击预警系统内部整合的“赤道”方案，提出关于预警卫星、超视距雷达与视距雷达三个部分相互协作的统一性能指标以及相互协作方式；于1972年研制出关于导弹袭击预警系统、反导拦截系统及太空监视系统三个系统整合的“哨所”方案。该设计局通过统一算法、组件和接口等方式，于1973年实现了导弹袭击预警指挥中心与A-35反导拦截系统指挥中心的数据通联，于1978年实现了导弹袭击预警系统、反导拦截系统及太空监视系统三个系统的数据通联，使各分系统的融合工作取得了显著成效。

进入21世纪后，为提升空天防御武器的通用性，俄罗斯于2000年通过合并远程无线电通信科研所（НИИДАР）和明茨无线电技术所（РТИ имени А. Л. Минца），成立无线电技术系统联合企业，整合了空天防御雷达的研制与生产工作；于2002年4月通过合并包括“信号旗”中央科研生产联合体在内的40多家企业，成立金刚石－安泰防空联合企业，整合了防空及反导拦截武器的研制与生产工作；于2015年2月通过合并金刚石－安泰防空联合企业和“彗星”企业等，成立金刚石－安泰空天防御联合企业，实现了防空、反导和反卫武器的融合式发展。

四、在拦截方式上，考虑生态安全由核拦截方式向核常结合拦截方式过渡

使用常规拦截弹还是使用核拦截弹，对反导拦截系统的建设具有极其重要的意义。俄（苏）对这个问题进行了长时间的争论与探索，曾长时间采用单纯的核拦截方案，而后逐步向核常结合拦截方法过渡。在反导技术不完善的情况下，为确保首都莫斯科免遭核导弹袭击，A－35及A－135系统都使用了核拦截弹。然而，核拦截弹不利于反导技术的全面提升，也无法真正用于实战。例如，一枚A－135系统核拦截弹的爆炸就将会夺走莫斯科10%居民的生命和污染200平方千米的区域。因此，从1993年至今，俄罗斯逐步探索核常结合的反导拦截方案，在使用配备核拦截弹的A－135系统的同时，开始使用S－300PMU1、S－300VM和S－300PMU2、S－400等采用常规拦截弹的非战略反导系统担负部分中低层拦截任务，逐步形成了以A－135战略反导拦截系统为主体，以S－300、S－400非战略反导拦截系统为补充，从中段到再入段多梯次、核常结合的反导拦截系统。

为尽可能提升反导武器的实战能力和降低反导行动的生态危险，俄罗斯未来将继续加大常规弹头的比例，使常规弹头在中低层拦截中的使用比例达到百分之百。俄罗斯在研A－235系统的中低层拦截将使用常规拦截弹，其将与S－500系统、S－400系统共同构成中低层反导拦截梯次部署，使常规弹头在中低层反导拦截中的使用比例达到百分之百。然而，俄罗斯在研的A－235系统的高层拦截仍将被迫继续保留核拦截弹，其主要原因是俄罗斯常规动能拦截弹技术尚不成熟，以及常规高层拦截弹的使用

意味着俄罗斯需要部署更多数量的反导武器才能达到掩护效果，俄罗斯在经济上难以承受这一点。在可预见的未来，俄罗斯仍无力完全采用“纯”常规拦截弹的反导技术方案。

五、在力量部署上，以首都为重点部署战略反导力量，沿边境和内陆重要目标部署非战略反导力量

20 世纪 60 年代初，在战略反导系统的初建时期，苏联专家就建设何种战略反导系统的问题提出了多种方案，包括“A－35 莫斯科反导系统、‘阿芙罗拉/极光’（Аврора）国土反导系统、S－225 要点反导系统，以及‘撞击’全球反导系统”①。苏联官方决定同时开展多个方案的研制工作，以进行比较。“一是研制 A－35 系统及其‘阿尔丹’实验系统和‘阿尔贡’实验系统；二是研制‘阿芙罗拉’系统及其‘阿佐夫’实验系统；三是研制 S－225 系统；四是研制‘撞击’系统。”② 由于花费过大等原因，苏联分别于 1964 年和 1967 年停止研制“撞击”系统和“阿芙罗拉”系统。由于《反导条约》规定只能部署一种战略反导系统，苏联又于 1972 年停止研制 S－225 系统，选择研制和部署 A－35 系统。此后，俄（苏）一直仅拥有一套战略反导系统，且均部署在首都附近。

20 世纪 80 年代末 90 年代初，俄罗斯开始大力发展非战略反导系统，用于保护核发射基地、重要工业区等战略设施，以及面临战役战术弹道导弹威胁的边境地区。根据需要保护的目标清单，俄罗斯确定了非战略反导力量的部署方式，形成了以首都为重点、沿三面边境（北部边境除外）部署非战略反导力量的格局，并根据威胁的不同程度配比各边境地区非战略反导系统的部署力量（以西部边境为部署重点）。这种部署方式既有利于保护首都地区，又有利于以有限的非战略反导力量保护国家边境安全。

总的来说，俄罗斯战略反导力量和非战略反导力量的总体部署特点与苏联防空反导力量一脉相承。苏联时期，统领防空反导力量的苏联防空军建成了以首都和西部欧洲地区为重点，以要地部署为主、区域式部署为

① Красковский В. М. и Остапенко Н. К., *Щит России: системы противоракетной обороны*, Москва, 2009, с. 191.

② Красковский В. М. и Остапенко Н. К., *Щит России: системы противоракетной обороны*, Москва, 2009, с. 191.

辅，覆盖全境的防空反导拦截力量部署网，同时还建立了成梯次配置和纵深较大的防空反导预警网，其中，导弹袭击预警系统和太空监视系统形成天地闭合的环形立体战略侦察预警网，与空域侦察监视系统的地面雷达相互配合。

苏联解体后，俄罗斯防空反导拦截力量部署网遭到破坏——数量急剧减少，不仅无法覆盖全境，而且无法实现沿北部边境部署；俄罗斯防空反导预警网也遭到破坏——导弹袭击预警系统缺少导弹袭击预警卫星梯队，空域侦察监视系统的地面雷达也在多地缺失。根据这一情况，在战略反导力量和非战略反导力量的部署上，俄罗斯一方面延续了苏联防空反导力量以首都为中心、以欧洲地区为重点部署的特点，将战略反导力量的指挥控制中心和反导拦截系统均部署在首都附近，将战略反导力量的导弹袭击预警系统重点部署在西部欧洲地区，将近一半的非战略反导力量部署在西部欧洲地区；另一方面创新地采取了沿三面边境和内陆重要目标部署非战略反导力量的方式，并通过部署远程地空导弹系统，以及增大歼击航空兵作战半径的方法，解决广大内陆地区及北部边境地区非战略反导力量缺失的问题。未来，俄罗斯将恢复非战略反导力量部署的规模和密度，即在被保护目标周围建立环形的多层非战略反导拦截网，以便对敌来袭导弹形成多层拦截能力。

六、在理论牵引上，超前研究空天作战理论，牵引反导力量的建设与发展

俄（苏）反导作战通常作为空天防御作战的有机组成部分，不构成独立的战役行动样式。因此，我们在讨论反导作战运用问题时，主要探讨俄（苏）空天防御作战的理论问题。俄（苏）通常超前研制空天防御作战理论，使空天防御作战理论走在空天防御武器研制和体制编制发展的前面，以牵引反导力量的整体发展。

（一）抗击敌空天袭击的战略性战役理论引领反导力量的发展

20 世纪 70 年代，苏联提出了抗击敌空天袭击的战略性战役理论。该战役理论主要包括防空、反导、反卫三大作战行动，促进了反导与反卫力量的融合和发展，促使反导与反卫部队于 1992 年升级为防空军内的一个独立兵种，即导弹 - 太空防御兵。

1. 抗击敌空天袭击的战略性战役的提出

20世纪70年代，根据不断增大的空天袭击威胁，苏联国土防空军开始探索在核背景下的空天作战理论。通过多次大规模战略性演习检验，苏联最终提出了核时代的空天作战理论——抗击敌空天袭击的战略性战役（Стратегическая операция по отражению воздушно－космического нападения противника），并于1979年将其写入《防空军在战略性战役准备与实施过程中战役使用样式》等条令性文件。抗击敌空天袭击的战略性战役，“是由防空军主导、各军种共同参与的联合战役”[①]。该战役由最高统帅部领导，由防空军总司令直接指挥，目的是为首都、中央经济区和战区军队集团提供防空、反导及反卫掩护。由于这一时期，苏联面临的敌空天袭击威胁主要是核弹道导弹的袭击、反卫星行动，以及密集的空中（航空兵及巡航导弹）突击。因此，该战役的主要作战行动是：使用导弹－太空防御部队对敌核弹道导弹袭击实施预警，组织实施反导和反卫作战；使用防空部队摧毁来袭巡航导弹。该战役的主要作战行动实际由反导、反卫作战和防空作战两个相互独立的部分构成。在该战役中，导弹袭击预警、反导、反卫和太空监视行动密不可分，反导、反卫作战融为一体促进了反导反卫力量在武器研制和体制编制上的一体化建设。同时，防空与反导反卫作战的相对独立性，也使导弹－太空防御部队和防空部队在防空军编成内仍保持着相对独立的组织体制。

2. 抗击敌空天袭击的战略性战役的发展及影响

1993年，俄军颁布新的《战役准备与实施基本原则》，该条令继承了苏军的理论成果，将抗击敌空天袭击的战略性战役列为俄军七大战略性行动样式之首。然而海湾战争之后的世界局部战争显示，空天袭击兵器的性能在不断上升，空天袭击在战争中的地位与作用在不断增强。针对空天威胁的新变化，俄军在继承该战役理论核心思想的同时也对其进行了调整。

这一时期，空天袭击行动的主要变化：一是加强了卫星对战役战术作战行动的信息保障，如在海湾战争中，多国部队的指挥机关依靠卫星提供的情报，快速地做出了多项正确的决定；二是战役中携带常规弹头的战役战术导弹的数量显著增加；三是战役中远程高精度武器的使用比例在急剧

① 参见Дмитрий Рогозин，“Война и мир в терминах и определениях”，издательство «ПоРог»，2004，http：//www. voina－i－mir. ru/article/214。

上升，使进攻方在防区外即可实施远程打击，迫使防御方的防空部队必须有歼击航空兵的前出配合。

据此，俄罗斯对抗击敌空天袭击的战略性战役理论做出如下调整：一是在战役初期加强对敌太空侦察设备的干扰与攻击，同时提高己方空天袭击预警的效率；二是增加防空部队的非战略反导任务；三是加强航空兵及地面防空部队的紧密配合，使空中进攻和空中防御两种行动共同作用。在该战役中，俄军主要作战行动包括：空天侦察预警行动，反导（战略反导与非战略反导）和反卫作战行动，空中攻防行动。其中，反导反卫作战与空防作战仍然相互独立，但反导反卫作战与空防作战在侦察预警方面出现了融合的趋势，比如远程预警雷达可为防空截击机实施远程拦截提供远方空情与目标指示。

（二）新时期战略性空天战役理论牵引反导力量向空天防御方向发展

进入 21 世纪以来，俄罗斯军事理论界总结冷战后局部战争的发展趋势后认为，敌空天进攻兵器的发展将引发未来空天作战方法的重大变化：到 2020—2025 年，高超声速武器的使用将使空天战场连成一体，空天战场加强纵深梯次配置和上下梯次配置，形成立体的全方位战场空间；空中攻防战役与反导反卫作战将融合为空天一体的攻防战役；俄罗斯现有空天作战理论将遭遇严峻挑战。因此，俄罗斯在 2004 年版的《军事行动准备与实施教令》中正式提出了战略性空天战役（Стратегическая воздушно - космическая операция）的概念。战略性空天战役是由最高统帅部统一指挥，在空天军、陆军及其他军兵种共同参加，以及独联体国家防空力量广泛参与下实施的，是旨在破坏或抗击敌空天进攻的联合战役。该战役总体是一种防御性战役，属于空天防御作战的基本样式，但也包含了积极的行动方法。该战役的主要作战行动包括空天预警（见图 5 - 1）、空天拦截、空天指挥和空天保障，在某些情况下还包括对敌位于机场、导弹阵地和海上发射平台等的空天袭击兵器实施远程火力打击的行动（见图 5 - 2）。

俄罗斯新提出的战略性空天战役与原有的抗击敌空天袭击战略性战役的主要不同在于以下几点。

一是抗击敌空天袭击的战略性战役是防空部队和导弹 - 太空防御部队相对独立行动的组合，而战略性空天战役则是空天领域侦察预警、火力打击、指挥和保障高度一体化的作战，必须联合使用各军兵种的相关兵力兵器，在地面、空中、临近空间和太空形成高度上的梯次配置。

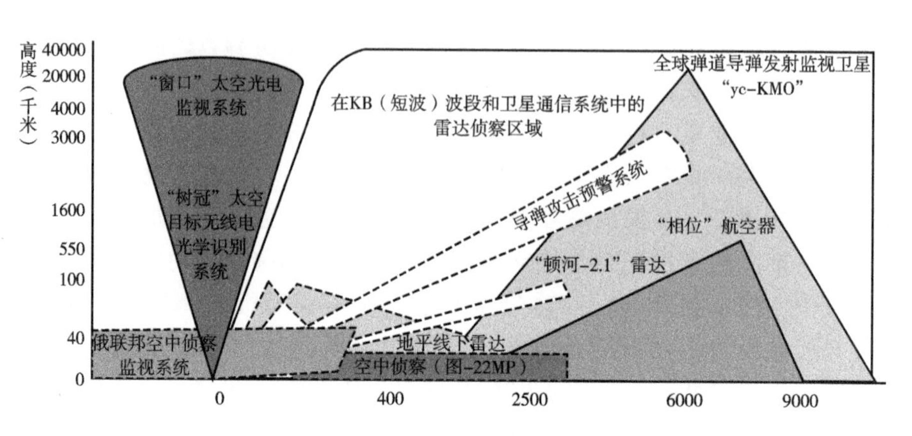

图 5－1　一体化空天预警

资料来源：ЦымбаловА. Г.，"Задача－обеспечитьстратегическуюмобильность"，*Воздушно－космическаяоборона*，No. 3，2012，http：//www. vko. ru/operativnoe－iskusstvo/zadacha－obespechit－strategicheskuyu－mobilnost。

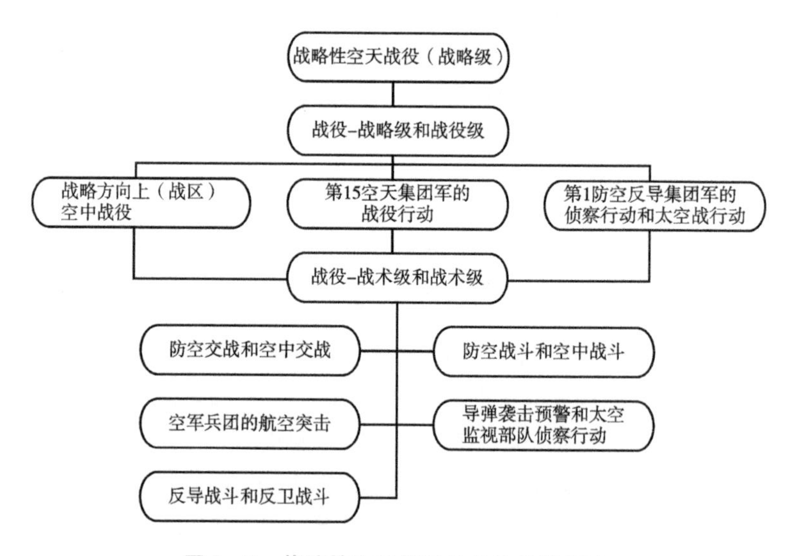

图 5－2　战略性空天战役的具体作战行动

资料改编自：Ходаренок Михаил，"От чего сегодня зависит победа"，*Воздушно－космчиеская оборона*，No. 5，2004。

二是战略性空天战役的指挥级别更高。俄军事专家建议在总参谋部设立空天防御战略司令部，以指挥参加战略性空天战役的各军兵种空天防御兵力兵器。

三是战略性空天战役更加重视对敌指挥侦察信息系统实施先发制人的打击，强调掌握行动主动权。在战略性空天战役中，一旦发现敌发起空天袭击的征兆，俄罗斯空天进攻兵器就必须对敌侦察、无线电电子战、指挥通信和控制系统实施先发制人的打击，其中，天基武器、高超声速武器与具有突防能力的弹道导弹的指控系统等将成为首要打击目标。在这一战役中，空天防御兵力兵器无须等待“被打”之后再实施反击，而是通过主动出击或迎击，迫使敌从关注空天进攻转而关注自己的空天防御问题。战略性空天战役“打击的首要目标不是敌空天进攻武器平台，而是敌侦察、无线电电子战、指挥通信和控制系统”[①]。而抗击敌空天袭击的战略性战役，则更重视对敌空天袭击武器平台的打击，主要依靠空军远程航空兵、歼击航空兵及海军航空兵等火力实施打击。由此，我们可以看出，相比于抗击敌空天袭击的战略性战役，战略性空天战役在具体作战行动中包含了更加积极的行动方法。

四是战略性空天战役更加重视使用非对称的作战方法。潜在之敌空天袭击兵器的快速发展，迫使俄罗斯开始研究利用非对称性作战方法加以应对。由此，诸如“远程航空兵使用巡航导弹打击可导致敌国国家动荡的极其重要目标，使其放弃空天袭击”[②] 等方法成为抗击敌空天袭击的战略性战役中非对称性的作战方法。战略性空天战役将更重视使用非对称性作战方法，将使用空基激光器等定向能武器实施反导与反卫作战，使用无线电干扰卫星、导弹及飞机的导航和控制系统，使用多用途飞机（如未来的防空反导飞机）实施反导反卫作战等。

由此可见，战略性空天战役的提出与完善，牵动了空天防御力量在更大范围内的整合，为空天军的成立奠定了理论基础，也牵引着空天防御武器建设的一体化发展。此外，在空天军成立后，俄罗斯将空天防御力量和航空力量进一步融合。俄罗斯空天作战理论还会有新的发展，主要创新点可能在于提升空中进攻力量在空天防御战役中的作用。

---

① Цымбалов А. Г.，“Задача – обеспечить стратегическую мобильность”，*Воздушно – космическая оборона*，No. 3，2012，http：//www. vko. ru/operativnoe – iskusstvo/zadacha – obespechit – strategicheskuyu – mobilnost.

② Цымбалов А. Г.，“Задача – обеспечить стратегическую мобильность”，*Воздушно – космическая оборона*，No. 3，2012，http：//www. vko. ru/operativnoe – iskusstvo/zadacha – obespechit – strategicheskuyu – mobilnost.

七、在科研教育上，着眼未来需求、优化整合机构并吸收民间力量推动科研教育发展

（一）整合科研机构和提升民间智库作用，推动反导领域科研工作的发展

俄（苏）反导领域科研工作包括武器研制和军事理论研究（作战运用、体制编制及战略理论研究等）两个方面。在反导领域武器研制方面（见表5－1），从20世纪50年代末到20世纪末，俄（苏）国防部第1设计局、第2设计局、“革新家”设计局、远程无线电通信科研所、明茨无线电技术所、国防部第45科研所、彗星中央科研所、科学院无线电技术研究所及科学院精确机械学与计算技术研究所等做出了巨大贡献。为了推进反导武器的研制，俄（苏）先后把这些主要研制机构合并为“信号旗”中央联合生产企业、金刚石－安泰防空联合企业。进入21世纪后，俄罗斯确定了将反导武器纳入空天防御一体化发展的政策。当前，俄罗斯反导（空天防御）武器研制工作主要由金刚石－安泰空天防御联合企业及无线电技术系统联合企业两大集团公司承担。

表5－1　俄（苏）反导武器主要研制机构

科研机构	研制成果
国防部第1设计局（1947年成立，1970年改为“信号旗”科研生产联合体，2002年并入金刚石－安泰防空联合企业，现为金刚石－安泰空天防御联合企业的子公司）	A、A－35、A－35M及A－135系统、导弹预警卫星、“树冠”综合体、“弧”超视距雷达、“藏红花”通信指挥系统、“时刻”太空监视设施、外国侦察航天器过顶预报系统
国防部第2设计局（1953年成立，后改为“火炬”机器制造设计局，2002年并入金刚石－安泰防空联合企业，2015年并入金刚石－安泰空天防御联合企业）	V－1000反导拦截弹、A－350反导拦截弹、53T6反导拦截弹
“革新家”设计局（ОКБ“Наватор”，成立于1947年，2002年并入金刚石－安泰防空联合企业，2015年并入金刚石－安泰空天防御联合企业）	51T6反导拦截弹
彗星（комета）中央科研所（2015年并入金刚石－安泰空天防御联合企业）	导弹预警卫星
科学院精确机械学与计算技术研究所	A、A－35及A－135系统的指挥计算机

续表

科研机构	研制成果
远程无线电通信科研所（НИИДАР）［2000 年并入无线电技术系统联合企业（Концерн «РТИ Системы»）］	"弧"系列超视距雷达、"多瑙河"系列雷达、伏尔加雷达、沃罗涅日－DM 雷达、树冠综合体、集装箱超视距雷达
明茨无线电技术所（РТИ имени А. Л. Минца）［2000 年并入无线电技术系统联合企业（Концерн «РТИ Системы»）］	导弹袭击预警雷达、"顿河－2N"雷达、沃罗涅日－M及沃罗涅日－VP 雷达
国防部第 45 中央科研所（ЦНИИ）（成立于 1960 年，1997 年并入国防部第 4 中央科研所）	太空监视系统第一期、反导系统的指挥控制计算机及"多瑙河－3"雷达、歼击卫星
国防部第 2 中央科研所（ЦНИИ）（成立于 1957 年，2010 年并入国防部第 4 中央科研所，2014 年并入空天防御中央科研所）	太空监视系统基础性研究

在反导领域军事理论研究方面，"国防部第 2 中央科研所、国防部第 45 科研所、空天防御军事学院和总参军事学院曾做出过重要贡献"①。苏联解体后，为加强反导领域军事理论研究力量，俄（苏）多次转隶或合并相关机构。当前，俄罗斯反导领域军事理论研究主要由空天防御中央科研所（合并了国防部第 2 科研所）、国防部第 4 中央科研所（合并了国防部第 45 科研所）及空天防御学院三个机构负责。此外，以俄罗斯国际事务委员会、俄罗斯科学院世界经济与国际关系研究所为代表的官方智库，以空天领域问题体制外专家委员会为代表的民间智库也参与反导领域的军事理论研究。

经过分析，我们认为俄（苏）反导领域的科研工作具有如下特点。

一是自由的学术氛围。俄罗斯关于反导（空天防御）问题的学术争论非常活跃，学术氛围非常自由，在报纸期刊上经常可以见到由著名学者撰写的持不同意见甚至相反意见的文章。例如，空天防御学院的"空天防御学派"代表巴尔维年科在《空天防御》杂志 2014 年第 4 期上发表的

① Алексей Сиников，"Как «от задач к ресурсам», так и «от ресурсов к задачам»"，*Воздшно－космическ ая оборона*，No. 5，2013，http：//www. vko. ru/koncepcii/kak－ot－zadach－k－resursam－tak－i－ot－resursov－k－zadacham.

《对理论观点的吹毛求疵不会带来好结果》[1]，从 10 个方面“淋漓尽致”地批驳了该学院“空天防御兵战术学派”代表安纳托利·卡拉别尔尼科夫发表于该杂志上一期的文章《原地踏步的非理智奔跑》[2]。

二是超前预测性。俄（苏）研究机构对反导武器及军事理论的研究历来具有超前预测性。如 20 世纪 70 年代，防空军事指挥学院通过分析第二次世界大战后高精度远程打击武器在战争中的作用，预判苏（俄）未来将面临空天一体打击的威胁，提出了将反导、防空及反卫向空天防御一体化方向整合的思想，并于 1974 年出版了世界上首部关于空天防御的专著。2004 年美国提出的“全球快速打击”计划印证了苏（俄）这一预判的正确性。此时，俄（苏）对空天防御建设的科研工作已经开成果展了 30 多年。

三是民间智库的作用上升。近年来，为提升俄罗斯空天防御（包括反导）的研究能力，“2004 年 2 月 20 日，俄罗斯空天防御领域的主要学者、武器设计师及军队前高官共同成立了空天防御问题体制外专家委员会”[3]，2015 年 12 月将其更名为空天领域问题体制外专家委员会。该委员会主席为金刚石－安泰空天防御联合企业的总主任阿舒尔贝利·伊戈尔·劳福维奇（科技博士、俄联邦政府科技奖获得者、俄罗斯军事科学院成员）。该委员会的成员来自空天防御领域的 64 个企业、研究机构或大学。该委员会有 130 多名成员，其中有 5 名科学院院士、2 名“社会主义劳动英雄”、48 名博士、50 名副博士及 41 名将军。该委员会成员参加俄联邦议会、政府及国防部等专家委员会的工作，负责为俄国家和军队高层提供关于空天威胁判定及空天防御建设的咨询建议。该委员会提出的关于制定《俄罗斯联邦空天防御法》等多项建议得到了国家高层的认可。该委员会已成为俄罗斯空天防御（含反导）领域极其重要的研究机构，其研究成果成为俄联邦空天防御领域未来发展的风向标。

---

① Владимир Барвиненко, Юрий Аношко, “Критиканство положений теории плодов не дает,” *Воздушно – космическая оборона*, No. 4, 2014, www. vko. ru/voennoe – stroitelstvo/kritikanstvo – polozheny – teorii – plodov – ne – daet.

② Анатолий Корабельников, “Бессмысленный бег на месте”, *Воздушно – космическая оборона*, No. 3, 2014, http://vko. ru/voenneo – stroitelstvo/bessmyslennyy – beg – na – meste.

③ Игорь Ашурбейли, “Милитаризация космоса неизбежна”, *Воздушно – космическая оборона*, No. 2, 2014, http://www. vko. ru/voennoe – stroitelstvo/militarizaciya – kosmosa – neizbezhna.

四是整合科研机构，推动反导领域科研工作发展。为整合研制力量，俄（苏）在反导武器研制方面进行了三次重大的反导武器研制机构合并。第一次重大的合并是苏联于1970年将负责反导武器各分系统的大部分科研所和军工企业整合为“信号旗”中央科研生产联合体，以解决导弹袭击预警系统、反导拦截系统及太空监视系统三个系统无法兼容的问题。第二次重大的合并是俄罗斯在21世纪初整合防空和反导武器的研制工作，成立了金刚石－安泰空天防御联合企业和无线电技术系统联合企业两大集团公司。具体来说，俄罗斯于2000年成立的无线电技术系统联合企业，合并了远程无线电通信科研所与明茨无线电技术所，解决了导弹袭击预警视距雷达、导弹袭击预警超视距雷达和战略反导系统目标指示雷达（如“顿河－2N”雷达）相互兼容和一体化研制的问题，整合了空天防御雷达的研制工作。俄罗斯于2002年成立的金刚石－安泰防空联合企业，合并了包括“信号旗”中央科研生产联合体在内的40多家企业，实现了防空和反导武器的一体化研制。该机构的成立不仅有助于实现分属S－300V及S－300P两种不同系列的非战略反导系统装备型号的通用化，而且有助于解决非战略反导系统和战略反导系统的兼容问题，将在研的S－500非战略反导系统与A－235战略反导系统的元器件、软件及接口统一化。第三次重大的合并是俄罗斯于2015年2月以金刚石－安泰防空联合企业为基础成立金刚石－安泰空天防御联合企业，合并了负责研制反卫武器的“彗星”企业等，实现了防空、反导和反卫武器的融合式发展。通过三次合并，当前金刚石－安泰空天防御联合企业及无线电技术系统联合企业两大集团公司基本包揽了空天防御武器的研制工作。

在军事理论研究方面，为整合研究力量，俄罗斯于1997年和2010年先后把负责反导领域军事理论研究的国防部第45科研所、国防部第2中央科研所并入国防部第4中央科研所。国防部第4中央科研所于1946年成立，原负责核问题研究，在合并了国防部第45科研所、国防部第2中央科研所、第30中央科研所及第13国家中央科研所等机构后，成为负责综合研究核及反导问题的机构。近年来，由于空天防御整合的需要，俄罗斯再次优化整合相关机构，2014年在原空天防御兵内成立了专司空天防御问题的空天防御中央科研所，合并了其他研究空天防御问题的机构，包括“国防部第4中央科研所防空科研中心（原国防部第2中央科研所，位于特维尔）、国防部第4中央科研所导弹－太空防御科研中心（位于莫斯科）和俄罗斯太空防御武器科研局（Управление НИЦ «РКС»，位于莫斯科州尤比列伊内市）”①，以及国防部第4中央科研所内研究太空问题的机构（如第50中央科研所）。

（二）联合地方高校，教研相互促进，培养符合未来需求的综合性人才

1997年前，俄罗斯反导领域的人才主要由防空军的13所院校培养。防空军撤销后，这些院校大多被裁撤或合并，数量大大减少。当前，俄罗斯反导领域的人才主要由空天防御军事学院、莫查伊耶夫斯基军事航天学院及瓦西里耶夫斯基军事防空学院三所院校培养。其中，空天防御军事学院为培养反导人才做出了最主要的贡献。该院原为防空军事指挥学院，成立于1958年，于1966年设立导弹－太空防御系，拥有优秀的教学队伍和配套的教学基地。“目前，该学院设有5个系（即信息与计算机技术系、导弹－太空防御系、防空系、指挥自动化系、国外军事人员培训系），设有研修班、函授部、研究班和博士生班，20个教研室和10个科研处室。”②

此外，地方高校如莫斯科物理技术学院（MFTI），莫斯科航空学院（MAI），莫斯科国立无线电技术、电子和自动化学院（MIREA）也培养了大量反导领域的人才。其中，“莫斯科物理技术学院为导弹－太空防御各武器的制造培养了多名总设计师，如V. G. 列宾（导弹袭击预警系统及太空监视系统的总设计师）、A. A. 库里克沙（光学定位专家）、A. V. 梅尼什科夫（‘信号旗’企业现任总设计师）及A. A. 莱曼斯基（‘金刚石’企业的现任总设计师）等。莫斯科国立无线电技术、电子和自动化学院从1984年开始为‘金刚石’企业培养人才。金刚石－安泰防空联合企业里现有1000名该校毕业生”③。

---

① Центральный научно－исследовательский институт ВКО откроется 1 марта 2014 года，http：//www. vimi. ru/node/461.

② Балаян Олег Рубенович，“Роль и место Военной академии воздушно－космической обороны имени Маршала Советского Союза Г. К. Жукова в военном образовательном и научном комплексе”，*Военная мысль*，No. 2，2007：с. 2－7.

③ Борисов Юрий и Гаврилин Евгений，“Отсутствие кадров может погубить ВКО”，*Воздушно－космическая оборона*，No. 3，2008，http：//www. vko. ru/oboronka/otsutstvie－kadrov－mozhet－pogubit－vko.

俄罗斯反导领域教育工作的主要特点有以下几点。

一是教学与科研相互促进。俄罗斯负责培养反导人才的院校通常具有雄厚的科研实力，拥有多支研究学派，其毕业生又成为科研的新生力量，使教学与科研工作相互促进。例如，“空天防御军事学院拥有8个学派（其中6个是俄罗斯唯一的学派）：空天防御学派、空天防御兵战术学派、导弹－太空防御学派、空天防御部队指挥自动化学派、军事行动方针学派、军人训练与教育学派及定位系统工程学派，等等”①。

二是着眼未来需求培养人才。为培养符合未来空天防御需求的人才，空天防御军事学院正按照空天防御指挥系统、空天防御侦察预警系统、空天防御杀伤压制系统、空天防御保障系统四个新领域培养空天防御综合性人才，并根据2020年前计划列装的武器类别提前开设空天防御领域内相应的新专业。该学院的教学分为“从战术到战略的四级（战术级教学、战役－战术级教学、战役教学和空天防御战略司令部训练教学）”②，完全仿照未来空天防御一体化指挥系统的样式来构建。

三是地方高校的作用提升。地方高校成为反导武器研制人才的主要来源。此外，军事院校与地方高校的合作也极为密切。例如，“空天防御军事学院与其邻近的特维尔国立大学及特维尔工程大学有密切的合作关系，经常聘请这两个大学的教员前来教授基础学科（数学、物理学、人文学科）的课程”③。

四是军事院校与国防部、军工企业及其他科研所联系密切。例如，“空天防御军事学院与无线电系统联合企业等多家军工企业及原国防部第2中央科研所有着密切联系”④，使用军工企业制造的“光谱”“阿尔特克”等先进数字模拟系统。

---

① Михаил Ходаренок, “От противовоздушной к воздушно－космической оборон”, *Воздушно－космическ ая оборона*, No. 1, 2014, http://www.vko.ru/vuzy－i－poligony/ ot－protivovozdushnoy－k－vozdushno－kosmicheskoy－oborone.

② Михаил Ходаренок, “От противовоздушной к воздушно－космической оборон”, *Воздушно－космическ ая оборона*, No. 1, 2014, http://www.vko.ru/vuzy－i－poligony/ ot－protivovozdushnoy－k－vozdushno－kosmicheskoy－Oborone.

③ Михаил Ходаренок, “От противовоздушной к воздушно－космической оборон”, *Воздушно－космическ ая оборона*, No. 1, 2014, http://www.vko.ru/vuzy－i－poligony/ ot－protivovozdushnoy－k－vozdushno－kosmicheskoy－Oborone.

④ Михаил Ходаренок, “От противовоздушной к воздушно－космической оборон”, *Воздушно－космическ ая оборона*, No. 1, 2014, http://www.vko.ru/vuzy－i－poligony/ ot－protivovozdushnoy－k－vozdushno－kosmicheskoy－Oborone.

第三节 反导力量建设的主要教训

在反导力量建设进程中，俄（苏）既积累了诸多宝贵经验，也留下了大量值得我们认真思考的教训。

一、未能有效规避《反导条约》的限制，错误应对“战略防御倡议”使俄在反导博弈中战略失分

在美俄（苏）反导战略博弈中，美国的战略思维显然比俄（苏）具有更强的主动性。在反导博弈中，美国采取主动精进的策略，而俄（苏）采取的是被动应对的策略。由此，在反导博弈关系上，初建时期曾一度领先于美国的苏联，逐渐落后于美国，美国成为最终赢家。俄（苏）在美俄（苏）反导博弈中的战略失分主要表现在以下几个方面。

（一）苏（俄）选择“重部署轻研发”及核拦截方法不利于规避《反导条约》的限制

《反导条约》约定双方只能在一处部署战略反导系统。由此，苏联选择在首都部署反导系统，以避免美国对其军政高层实施“斩首式”的打击；而美国则选择在北达科他州福克斯的“民兵”陆基洲际弹道导弹基地附近部署“卫兵”导弹防御系统。由于首都的重要性，俄（苏）不得不一再提高对莫斯科反导系统的实战能力要求，把大量人力物力投入其中，从而对先进反导技术研制的投入十分不足。美国认为可以通过实施先发制人的核打击方式来提升洲际弹道导弹的有效性，因而对导弹防御系统的实战能力要求不高。美国高层在得知“卫兵”导弹防御系统无法有效拦截苏联分导式多弹头弹道导弹后，于1976年在该系统部署不到5个月时就命令将其拆除。此后，美国开始了“无部署、重研发”的发展道路，全力开发新型导弹防御技术。

《反导条约》禁止研制和试验海洋、空中、太空及陆基机动型反导系统，只允许研制和试验陆基固定型反导系统，但并未规定陆基固定型反导系统是使用核拦截弹还是使用常规拦截弹。美国选择使用常规拦截弹，成

功研制了大量先进的常规导弹防御技术。这些技术后来被应用于海上导弹防御系统、陆基机动型导弹防御系统以及反卫武器等，有力地推动了导弹防御和反卫技术的发展。例如，美国反卫武器的目标指示技术、定向能技术、动能拦截技术及指挥通信技术都得益于其常规导弹防御技术的发展。而俄罗斯选择使用核拦截弹，核拦截技术不仅难以运用于海上反导、陆基机动反导及反卫等领域，而且由于核爆炸具有强大的摧毁能力，苏（俄）降低了对拦截弹头制导、雷达探测精度等核心反导技术的要求，致使苏（俄）反导反卫技术的发展逐渐落后于美国。

（二）美国通过修约甚至退约主动规避条约限制，俄（苏）被动应对则受到条约的更大限制

可以说，美国是利用条约进行战略博弈的大“赢家”。美国通常在处于战略守势时，通过签署双边条约或多边条约来限制优势方的力量发展；而当美国在处于战略优势时，通常会拒绝签署相关条约以避免其核心力量发展受到限制。例如，1977 年，美国在处于战略守势时，主动提出与苏联开展太空武器裁军谈判。这一谈判后来因阿富汗战争而搁浅。当苏联于 1983 年重提这一裁军协议时，已走出战略守势的美国断然予以拒绝。相较而言，俄（苏）则是一个“忠实”的条约遵循者：在己方处于战略优势时，同意与对方同步削减或限制核心力量的发展。这一做法看似对等，实际上损害了俄（苏）的国家利益。

可以说，《反导条约》并没有真正束缚美国导弹防御力量的发展，却束缚了俄（苏）反导力量的发展，具体表现在四个方面。

一是美国在处于战略守势的情况下，把苏联拉入《反导条约》的限制范围。美国是出于限制苏联反导力量发展的想法，主动提出签署《反导条约》的。苏联则是出于反导武器竞赛不利于战略稳定的考虑，被动同意美国这一要求的。条约签署之时，苏联的反导拦截技术领先美国 10 年，而该条约的签署直接限制了苏（俄）反导拦截技术的领先发展。

二是当《反导条约》束缚美国战区导弹防御力量发展时，美国选择修约方式来规避限制，俄罗斯却被动应对修约，看似达成了对等的修约条件，实则为美国利益做出了让步。海湾战争之后，美国希望快速发展战区导弹防御系统，而《反导条约》束缚了美国这一力量的发展，由此美国主动提出修约。在《反导条约》签署时美苏曾一致同意，能够拦截射程 1900 千米弹道导弹的导弹防御系统属于战略导弹防御武器。而在修约时美国提出，能够拦截射程3500千米弹道导弹的导弹防御系统才属于战略导弹防御武器，俄罗斯同意了美国的这一修约提议。美国称其战区导弹防御系统只是用于防御第三国的弹道导弹，实际上，它也能够拦截俄罗斯的弹道导弹。如目前美国在欧洲和亚洲部署的“爱国者”导弹防御系统及“标准-3”海基导弹防御系统，就能够拦截俄罗斯非战略弹道导弹，特别是“标准-3”海基导弹防御系统能够抵近俄罗斯边境，并对俄罗斯战略弹道导弹构成潜在的威胁。此外，美国战区导弹防御技术也为其战略导弹防御和反卫武器发展积累了丰富的技术“财富”。

三是当《反导条约》束缚美国核心导弹防御力量发展时，美国果断退约。20—21世纪之交，在反导博弈中，美国已经对俄罗斯占据优势。此时，美国认为《反导条约》束缚了其核心反导力量的发展，限制了其导弹防御技术以及先进反卫技术的发展，于是在2001年12月31日断然提出单方面退出条约。俄罗斯尽管采取了外交谴责、提议建立欧洲反导合作等多种措施，均无法阻止美国的决心。因为美国在自己处于战略优势时，绝不会让条约来限制其优势力量的发展。

四是在违反《反导条约》的问题上，俄（苏）被迫向美国退让，损害了本国利益。苏联建设叶尼塞斯克导弹袭击预警雷达站的事件就能很好地说明这一点。《反导条约》规定，双方只能在国家边境线附近建设导弹袭击预警雷达。1979年，苏联为加强东北方向导弹袭击预警能力，从北极圈内诺里尔斯克市与克拉斯诺亚尔斯克边疆区叶尼塞斯克市两个方案中，选择了后者。原因是建设后者的资金预算只是前者的1/3，且建设周期较短。但是，叶尼塞斯克市距苏联边境3000千米，并不属于边境地区，不符合《反导条约》的规定。苏联时任国防部部长乌斯季诺夫认为，“把该雷达称作太空监视雷达”[①]，就能够“蒙混过关”。1980—1987年，苏联为该雷达站的建设投入了约3.349亿卢布。然而，在雷达站建设基本完成时，美国公开指责苏联这一行为违反了《反导条约》。当时正值“星球大战”闹得沸沸扬扬之时，美国把该雷达站的问题作为美苏谈判的重要筹码。其实1986—1987年，美国在境外（荷兰）部署的“铺路爪”雷达站也违反了《反导条约》，苏联完全可以以美国部署“铺路爪”雷达站来进行反击，使双方相互“默许”对方美国的违约行为。但苏联因急切希望维护《反导

① Игорь дроговоз, *Ракетные войска СССР*, Минск: Харвест, 2007, с. 216.

条约》的有效性，最终选择了让步。苏联部长会议于1990年3月28日宣布停止叶尼塞斯克雷达站的建设，使苏联蒙受了巨大的财力和人力损失。

（三）20世纪80年代至20世纪末，俄（苏）错误应对“战略防御倡议”及实施消极军事战略

从20世纪80年代至20世纪末，在美苏（俄）将近20年的反导博弈中，俄（苏）高层出现过两次重大的战略失误。

一是错误应对美国“战略防御倡议”计划。在美国提出“战略防御倡议”计划前，苏联其实在美苏反导博弈中占有优势。正是为了改变美国对苏联反导力量的战略劣势，时任美国总统里根才于1983年3月23日公开提出“战略防御倡议”计划。该倡议“要求在助推段、后助推段、中段、终段对来袭洲际弹道导弹实施拦截……这是针对苏联可能对美国发动大规模洲际导弹攻击而设计的一种能拦截所有来袭核弹头的战略防御系统”①。美国宣称，将从1985年开始实施该计划。但实际上这一计划只是一个噱头：到1987年，美国这一计划的目标就已缩小为遏制第一次核打击；苏联解体后，这一目标又回到“战略防御倡议”提出前的目标——有限拦截来袭弹道导弹。其实，在当时受美国经济实力和反导技术发展水平的限制，“战略防御倡议”是一项根本难以实现的计划。然而，苏联高层当时却对美国这一虚张声势的说法信以为真，采取对称式回应方法来应对这一倡议，“被动跟上”，“提出‘反战略防御倡议’计划”②，并为此投入了大量的人力物力。这一做法最终拖垮了苏联的国家经济，加速了苏联解体。美苏反导力量优劣关系的反转正是始于“战略防御倡议”时期。

二是从20世纪80年代后期至20世纪末，苏（俄）实施“纯防御”等消极军事战略，错失反导力量发展时机。20世纪80年代后期至1993年，俄（苏）在“纯防御”军事思想的指导下，执行防御性军事战略。1993年，俄罗斯提出“攻防结合的军事战略”，但其对安全环境的认识和对威胁的判断仍不明晰。1997年，俄罗斯出台苏联解体后的第一部《俄

① “战略防御倡议”，见 http：//baike. baidu. com/link？ url = 9e5VlCBDhHKi82XR49uiPJ0apfcv0Lv_8Xrv1moyD_ rD1myqrllMy_ UERUte4Rc9VkdsSr3mGQZP3w6k60lTf9sgfEfN0SShCcY2yeJsIDgoWWlSRhqAnMxyPUHhipEhtK4Ltoypwpuy4p8PQndB8。

② Золотарев Павел Семенович，“Непродуктивный ответ на стратегию американской ПРО”，*Независимое военное обозрение*，сентябрь 23，2011，http：//nvo. ng. ru/concepts/2011-09-23/1_pro. html.

罗斯联邦国家安全构想》。该安全构想尽管放弃了“纯防御”的军事安全思想，但仍然认为，只要俄罗斯放弃冷战思维，美国也会同样放弃冷战思维，仍对西方抱有不切实际的幻想。直到1999年普京成为代总统后，俄罗斯的军事战略才真正强硬起来。在消极的军事战略指导下，那一时期俄（苏）基本未提出新的反导力量建设项目，错失了反导力量发展的良机，导致反导力量进一步落后于美国。

二、高层决策忽视科研结论，军内派系斗争严重，阻碍反导力量发展

（一）部分高层领导随意决策，忽视科学建议

俄（苏）军政高层拥有大量不受监督的权力，高层领导人可根据自己的喜好拍板定夺反导力量的组织建设大事，忽视科学建议，而且“一朝天子一朝臣”，新任领导通常不考虑前任的工作成果或曾发布的命令。特别是在反导组织体制建设方面这一现象比较突出。例如，俄（苏）高层决策屡次背离将反导体制向空天防御体制方向发展的科研结论。20世纪70年代，苏联防空军事指挥学院就提出了空天防御的思想。1993—1996年，俄罗斯总参谋部跨军种工作小组经研究制定了《1996—2000年空天防御的实施规划》，计划成立空天军新军种。但是在谢尔盖耶夫（原战略火箭军司令）于1997年担任国防部部长后，他根据个人喜好，“把有限军费的80%都用于战略核力量的建设上”[①]，认为“空军与防空军的合并是必然的，无须讨论”[②]，并于1997—1998年断然把导弹-太空防御兵并入战略火箭军，强行解散了防空军。这一做法不仅违反了1993年俄联邦总统发布的《关于俄罗斯联邦防空的命令》，也忽视了各研究机构得出的关于建立一体化空天防御系统的科研结论。

2001年，俄罗斯新任国防部部长伊万诺夫重新下达命令，虽然推翻了谢尔盖耶夫时期75%的改革措施，却没有恢复防空军，而是命令把导弹-太空防御兵与军事航天力量合并组建为太空兵，使反导力量的组织建

① 赵春英：《天军十年》，《中国青年报》2012年1月20日第9版。

② Волков С. А.，“Путем проб и ошибок”，*Воздушно-космическая оборона*，No. 2-4，2010，http：//www.vko.ru/voennoe-stroitelstvo/putem-prob-i-oshibok-1；http：//www.vko.ru/voennoe-stroitelstvo/putem-prob-i-oshibok-2；http：//www.vko.ru/voennoe-stroitelstvo/putem-prob-i-oshibok-3.

设再次违背科研结论。太空兵的组建并没有改变导弹－太空防御与防空相互分离的现实，不仅不能恢复原防空军内 A－135 战略反导系统与 C－50 莫斯科地空导弹武器系统的协同，也不能恢复原防空军内已成梯次配置的空天侦察预警系统。尽管演习以及研究都得出结论，导弹－太空防御侦察预警设备可为非战略防空反导系统提供侦察预警信息，并能将后者的作战效能提高 35%—40%，统一的空天防御系统能够极大地提高整体作战效能，可俄罗斯总参领导人仍然无视科学建议，决定成立太空兵。2005 年 6 月 28 日，俄罗斯安全会议根据科学建议做出了关于 2010 年前将导弹－太空防御兵转隶空军的正确决定。但是，谢尔久科夫从 2008 年开始的“武装力量新面貌”改革仍然没有实施这一决定，而是决定成立空天防御兵，且将各战略方向的防空反导力量指挥权分散到各联合战略司令部手中，也没有根据专家建议在总参谋部成立空天防御战略司令部。曾任空天防御军事学院院长的 A. I. 许佩宁（Хюиенцн）上将曾就此评论说：“2008 年开始的俄联邦武装力量改革，仍然没有认真研究基础的科学理论和开展军事技术论证，因而常常做出违背科学结论的决定。”

（二）派系斗争严重阻碍反导力量正常发展

在俄（苏）反导力量建设中，一直存在着比较严重的派系斗争。并且，其斗争的胜负通常并不取决于哪派掌握了真理，而取决于哪派掌握了权力。在反导武器研制上，当权派的意见对反导武器发展产生了非常消极的影响。苏联核/常拦截弹之争可充分说明这一点。从 1953 年到 20 世纪 70 年代中叶，在 A－35 第一代战略反导系统使用核拦截弹还是使用常规拦截弹的问题上，苏联内部存在着激烈的两派之争，国防部第 1 设计局的基苏尼科主张使用常规拦截弹。他认为，A 反导系统 1961 年的成功实验与 1961—1964 年的后续多次实验证明，通过完善雷达定位能力和计算机运算法，常规拦截弹可以摧毁具有突防能力的弹道导弹。然而，具有官方背景的卡尔梅克夫（无线电工业部部长）及第 52 特种设计局的切洛梅却认为：“常规破片动能拦截只有 60% 的成功概率，而核拦截弹则有 96% 的成功概率；而且常规弹头的弹药量大，不利于紧急发射，对发动机的要求也过高。”[①] 由于这一派具有官方背景，核拦截弹方案最终获得了高层的

---

① Красковский В. М. и Остапенко Н. К., *Щит России: системы противоракетной обороны*, Москва, 2009, с. 185.

首肯。1964年，苏联高层指示，A－35系统采用核拦截弹方案。由于基苏尼科在A－35系统升级为A－35M系统时仍坚持使用常规拦截弹，苏联高层于1975年将其调离设计师岗位。基苏尼科的退出使苏联国防部可以心无旁骛地采用核拦截弹方案来发展战略反导系统，这对俄（苏）反导技术的发展产生了十分消极的影响。

再如，派系斗争致使A－35系统的研制工作未能按计划完成。苏联高层本于1960年下令由基苏尼科负责牵头研制A－35系统。由于以切洛梅（赫鲁晓夫的亲信）为代表的一派提出建设“撞击”全球反导系统，苏联高层又于1963年5月3日下令由切洛梅牵头研制“撞击”系统，并停止对A－35系统的资金拨款，把所有的反导专家都派去研制“撞击”系统；还命令A－35系统的总设计师基苏尼科转而负责研制“阿芙罗拉”国土反导系统。这使本应按照计划开展的A－35系统研制工作被迫暂停。1965年赫鲁晓夫下台后，苏联高层又命令停止“撞击”系统的研制，恢复对A－35系统的建设。这一派系斗争使A－35系统的建设工作被搁置了两年多时间。

在反导组织建设上，派系斗争也严重阻碍了反导力量向空天防御一体化发展。俄罗斯总统叶利钦根据空天防御一体化发展的科研结论，于1993年颁布《关于俄罗斯联邦防空的命令》，规定以防空军的导弹－太空防御兵为主体，其他军兵种相关兵力兵器为辅建立空天防御系统。但“陆、海、空军领导人公开拖延对这一命令的执行，认为空天防御系统的建立将会削弱他们的地位”①。接下来，在1997—1998年的军事改革中，关于导弹－太空防御兵是否转入战略火箭军的问题又出现意见相左的两派，以国防部第4科研所及战略火箭军为代表的一派支持并入，而“以国防部第45科研所、国防部第2科研所及防空军为代表的一派反对并入”②。战略火箭军出身的时任国防部部长谢尔盖耶夫听从了战略火箭军

① Криницкий Юрий, “Научно－концептуальный подход к организации ВКО России”, *Воздушно－космическая оборона*, No. 1, 2013, http: //www. vko. ru/koncepcii/nauchno－konceptualnyy－podhod－k－organizacii－vko－rossii.

② С. А, Волков. “Путем проб и ошибок”, *Воздушно－космическая оборона*, No. 2－4, 2010, http: //www. vko. ru/voennoe－stroitelstvo/putem－prob－i－oshibok－1; http: //www. vko. ru/voennoe－stroitelstvo/putem－prob－i－oshibok－2; http: //www. vko. ru/voennoe－stroitelstvo/putem－prob－i－oshibok－3.

代表们的建议，把防空军的导弹－太空防御兵从防空军转入了战略火箭军，严重阻碍了空天防御一体化建设的实施。总的来说，“从1997年改革后的15年里，空天防御的建设进程一直因部门利益之争而陷入停滞不前的状态，这一建设进程直到2011年年底空天防御兵建立才得以恢复”①。

三、武器装备通用性差及列装不及时，使反导力量难以如期形成战斗力

（一）反导武器装备多头管理体制导致武器标准不统一，不利于在统一的地幅实施联合反导

俄（苏）在战略反导及非战略反导武器系统建设上都出现过分头管理、武器型号标准不统一以及武器互通性差的问题。在战略反导武器方面，苏联在20世纪五六十年代采取的是分头建设反导各分系统的方式。尽管有国防部第4总局牵头负责反导系统的研制工作，但由不同部门研制的导弹袭击预警系统、反导拦截系统及太空监视系统这三者之间仍然无法实现兼容和互通。其原因是导弹袭击预警系统为全自动运行模式，反导拦截系统则与太空监视系统则为半自动运行模式，并且三者采用不用的组件、算法和软件。直到1970年成立“信号旗”中央联合生产体后，这一问题才得到解决。

在非战略反导系统的建设上，俄（苏）也走了不少的弯路。俄罗斯非战略反导系统的建设分属陆军和空天军（1998年前属防空军）负责。陆军和空天军分别研制了S－300V及S－300P两种不同系列的非战略反导系统。陆军和空天军对非战略反导系统的装备发展规划和性能要求不同，致使非战略反导系统的型号繁多复杂，且无法通用，不同型号的非战略反导系统在联合作战中难以统一使用。属于S－300P系列的S－300PMU1和S－300PMU2非战略反导系统，与属于S－300V系列的S－300VM和S－300V4非战略反导系统是两种完全不同的非战略反导系统。这给不同军兵种在统一地幅内实施联合非战略反导作战带来了很大

① Александр Травкин, Александр Беломытцев, Марат Валеев, “Надо формировать новый вид Вооруженных Сил”, *Воздушно－космическая оборона*, No.5, 2013, http://www.vko.ru/voennoe－stroitelstvo/nado－formirovat－novyy－vid－vooruzhennyh－sil.

困难。为克服这一困难，俄罗斯最终采取整合研制与生产机构的方式（组建金刚石 - 安泰防空联合企业），推动了两个系列武器装备型号的兼容和统一化。

尽管俄罗斯官方早就提出了空天防御建设的构想，然而并没有强调空天防御各分系统的通用性问题。其中非战略反导系统和战略反导系统无论是在武器研制还是在武器运用上，长期没有明显的交集，这两个系统的通用性问题长期没有引起重视。直到俄罗斯于 2006 年加快空天防御系统建设、积极构建临近空间超高音速武器的防御武器时，俄罗斯军政高层和专家才意识到这两个系统在通用性方面存在严重问题。S - 400 系统与 A - 135 系统的不兼容，致使俄罗斯至今难以有效整合莫斯科地区的空天防御力量。为解决这一问题，俄罗斯付出了大量艰辛的努力。为杜绝此类问题再次发生，俄罗斯于 2015 年成立了金刚石 - 安泰空天防御联合企业，实现了在研 S - 500 系统与 A - 235 系统在元器件、软件及接口上的通用性。

从 1997 年防空军解散到 2015 年空天军成立的这段时期里，俄罗斯反导装备的管理一直分属不同的部门。在空天军成立前，俄罗斯反导装备管理分属空天防御兵装备部门、空军装备部门和国防部装备部门，其中战略反导武器及莫斯科地区非战略反导武器由空天防御兵装备部门负责建设；空军非战略反导武器由空军装备部门负责建设；陆军队属非战略反导武器由国防部装备部门负责建设。当前，俄罗斯反导装备的管理权大体都已收归空天军装备部门负责，但具体的反导装备管理关系还须进一步厘清。为加强武器的通用化，俄罗斯专家建议制定统一的空天防御（反导）武器装备技术政策，在总参谋部成立空天防御（反导）武器装备需求审查委员会，负责审查各军兵种的空天防御武器发展规划和订货申请。

此外，俄罗斯反导武器还存在着电子元器件严重依赖外国进口的问题，“当前，俄罗斯空天防御（包括反导）雷达站及防空系统的电子设备有 80% 为外国生产”①，这些电子设备战时很可能会受到敌人控制。而且，俄罗斯军工企业和军队采购部门及军事科研所之间还缺乏紧密的协作，导致有些武器在列装后难以与部队现有系统联通。

① Тарнаев Александр, “Надежной российской системы ВКО нет”, *Воздушно - космическая оборона*, No. 2, 2014, http: //www. vko. ru/strategiya/nadezhnoy - rossiyskoy - sistemy - vko - net.

（二）资金不足和高度垄断等问题导致反导武器无法按时列装，使反导系统难以如期形成战斗力

在20世纪80年代中期前，苏联反导武器基本能够按时列装。但从80年代中期至今，俄（苏）反导武器常因各种情况无法按时交付。苏联解体后，“从叶利钦到普京时代，俄罗斯国家武器纲要所规定的装备建设项目的落实比例甚至还达不到50%”[①]。例如，原本计划于2001年列装的S－400防空反导系统直至2007年才完成列装。再如，原俄罗斯空军空天防御战略战役司令部司令伊万诺夫曾称：“2014年将开始S－500的批量生产。”[②] 但事实上，直到现在，S－500系统还没有完成研制工作。

俄（苏）反导武器列装不及时的主要原因有以下几点。

一是军工企业高度垄断，缺乏竞争。当前，俄罗斯反导武器系统基本由金刚石－安泰空天防御联合企业及无线电技术系统联合企业两大集团公司研制生产。而且，这两大集团公司相互之间并不构成竞争关系。集中统管的军工企业模式尽管有利于统筹研制和生产力量，但也会导致竞争缺失和效率低下，使武器列装一拖再拖。

二是国家资金投入不稳定。例如，从苏联解体后到1997年，因国家订货不足，反导武器研制的龙头企业“信号旗”跨国股份公司（МАК “Вымпел”）的生存一度受到严重威胁。在这一时期，该企业获得的国防订货资金极不稳定：国防订货占企业总订货资金的比例在4.1%到49.9%间摇摆。

三是苏联解体使俄罗斯国防工业基础遭到严重破坏，并导致大量人才流失。

四是非理智的体制编制改革致使反导武器项目被迫中断实施或降级研制。如，1998年防空军主体并入空军，“国防部重新分配武器研发资金，把国家早已批准的S－300PMU1、S－300PMU2系统列装计划置于次要位置”[③]。

---

① Храмчихин А.，“Воздушно－космическая оборона как возможность”，*Независимое военное обозрение*，март 4，2011，www. aex. ru/fdocs/1/2011/3/4/19201/.

② Храмчихин А.，“Воздушно－космическая оборона как возможность”，*Независимое военное обозрение*，март 4，2011，www. aex. ru/fdocs/1/2011/3/4/19201/.

③ Криницкий Юрий，“ВКО России：признаки будущей системы”，*Воздушно－Космическая Оборона*，No. 2，2012，http：//www. vko. ru/voennoe－stroitelstvo/vko－rossii－priznaki－budushchey－sistemy.

反导武器列装不及时造成了极其严重的后果，甚至使武器的研制生产失去意义。如，A－35系统原计划用于拦截美国于1963—1965年列装的单弹头弹道导弹。但苏联直到1974年才交付该系统。而美国此时早已列装了多弹头弹道导弹，这使A－35系统在交付之时就已过时。反导武器列装不及时，导致武器列装速度跟不上武器更新换代的步伐，还致使大量武器超期使用，带来安全隐患；更严重的是会导致军队无法形成战斗力，无法有效应对威胁。可以说，俄罗斯空天防御体系未来能否建成，何时能够建成，主要不是看其计划得如何，而是取决于其武器装备能否按时列装。

四、反导作战指挥权不统一，难以有效应对现有及潜在的空天威胁

反导作战指挥权的统一问题一直是俄（苏）反导力量建设的核心问题之一。反导力量的统一指挥问题实际上是空天防御统一指挥问题的一部分。由于空天袭击兵器机动能力强，作战行动通常不会局限在某一战略方向的范围内，因而空天防御作战不可能只限于某一战略方向，空天防御力量（包括反导力量）的作战指挥权不应分散，应统一到跨军种和跨战略方向的职能性联合战略司令部手中。

探讨空天防御统一指挥的问题，需要追溯到20世纪中后期苏联防空及导弹－太空防御力量的指挥问题。在伟大卫国战争开始时，苏联的各个军区负责指挥其辖区内的国土防空部队，具体来说，就是由军区负责防空的参谋长助理负责领导，由军区参谋部的“勤务部门”负责具体指挥。然而，在伟大卫国战争初期，苏联防空遭受了严重的失败，大量人员伤亡。苏联高层找出失败的原因是，军区难以同时指挥国土防空作战和队属防空作战：国土防空和队属防空是两种不同的军事行动，前者用于掩护处于敌航空兵打击范围内和队属防空任务范围外的设施，后者则是为前线部队提供伴随式的对空掩护。因此，苏联高层于1941年11月9日颁布了第874号《加强与巩固国土防空》的命令，规定成立国土防空的领率机构，由防空部队司令部统一指挥整个国土的防空作战，使国土防空的作战指挥不再受到军区边界的限制。这一统一防空指挥权的初步做法，对俄（苏）日后统一空天防御的作战指挥权产生了根本的影响。

然而接下来，统一防空指挥权归属之路却十分曲折。20世纪50年代

初，由于陆军要求重新由各军区负责国土防空系统，而空军建议由空军负责统一的国土防空系统，苏联高层最后采取折中方案，把统一的防空系统拆分为四个部分：空军负责掩护空中边界，海军负责舰队防空，国土防空军负责内陆防空，边境军区负责边境地带防空。这一决定使苏联的防空能力下降。

由于效果不佳，苏联高层于1953年决定重新由国土防空军总司令统领国土防空系统，使防空的作战指挥不受军区边界的限制，并恢复了之前有效的统一防空系统。然而，奥加尔科夫的改革于1980年又将统一的防空作战指挥权分为内陆地区防空和边境地区防空两个部分。这使防空部队的战斗力下降了10%—15%。为了提升防空能力，苏联高层于1986年又重新规定由国土防空军总司令统一指挥除巴库防空区以外的国土防空力量。

20世纪90年代初，部分防空力量已经具备了非战略反导能力后，统一防空指挥权的问题开始成为统一防空反导指挥权（乃至统一空天防御指挥权）的问题。叶利钦总统于1993年颁布命令，要求以国土防空系统为基础组建统一的空天防御系统，由防空军总司令通过导弹－太空防御部队及防空部队司令部统一指挥空天防御作战。然而，谢尔盖耶夫的改革于1997年把包括战略反导力量在内的导弹－太空防御力量的指挥权交给了战略火箭军，把包括非战略反导力量在内的防空反导力量的指挥权交给了空军。2001年，俄罗斯高层又把导弹－太空防御力量转隶新成立的太空兵，这仍然没有改变导弹－太空防御力量（含战略反导力量）和防空反导力量（含非战略反导力量）指挥权分离的实质。2011年，俄罗斯高层把导弹－太空防御力量及莫斯科地区的防空反导力量转隶新成立的空天防御兵，使空天防御力量集群分割为六大集群——空天防御力量的中央集群和五大战略方向的空天防御集群。在这种管理体制下，当面临空天一体进攻威胁时，俄军根本无法不受战略方向边界限制地实现对空天防御力量的统一指挥。2011年，俄罗斯新版《军事行动准备与实施教令》提出，由空天防御兵司令试行对统一的空天防御系统实施指挥，但由于空天防御兵司令级别太低、权威有限，在实际操作中很难有效指挥各军兵种的空天防御力量，这一试行做法面临较大挑战。2015年8月空天军成立后，俄罗斯将空天防御的指挥权统一到总参谋部国家防务指挥中心的作战指挥分中心，由该作战指挥分中心直接指挥首都地区的导弹－太空防御力量（第15空天集团军和第1防空反导集团军）与五大战略方向的空天防御力量，此举最终从总体上统一了国土范围内的空天防御指挥权。

然而，当前俄罗斯的空天防御作战指挥关系仍然存在一定的问题，特别是非战略反导力量的作战指挥关系。尽管国家防务指挥中心的作战指挥分中心统一了空天防御（非战略反导）的指挥权，但是非战略反导力量的部署仍然处于条块分割的状态，被划分为六大集群，即非战略反导力量的中央集群和五大战略方向的非战略反导力量集群。随着S－400系统在西部军区的大量集中列装，各防空师的火力范围迅速扩大，致使首都地区第1防空反导集团军的第4、第5防空师与西部军区空军第6空天集团军的第2、第32防空师的火力覆盖范围严重交叉，首都地区的非战略反导力量与西部军区的非战略反导力量的作战指挥关系有待理顺。俄罗斯仍在为统一反导力量（空天防御力量）的指挥权积极努力，其在这方面经历的不必要曲折和所付出的沉重代价，值得我们深思。

五、专业设置不符合综合性人才培养要求，人才流失制约武器装备研发进程

尽管苏联反导领域的教育和科研积淀深厚，基础扎实，但苏联解体以及多次改革的失误一再破坏反导领域的教育科研体系。

一是在教育方面，院校裁减过快，盲目合并，教育专业设置不符合综合性人才的培养要求。为推进空天防御一体化建设，俄罗斯急需培养空天防御方面的综合性人才，而不是只懂反导作战的专业性人才。苏联时期，防空军拥有13所能够培养反导人才的高等院校。其中，多所军事院校都具备培养空天防御综合性人才的能力。但从1997年开始至今的多次军事改革，使俄罗斯目前只拥有空天防御军事学院、莫扎伊斯基军事航天学院及苏联元帅瓦西里耶夫斯基军事防空学院三所能够培养反导人才的专业性军事院校。其中，莫扎伊斯基军事航天学院及苏联元帅瓦西里耶夫斯基军事防空学院分别按照导弹－太空防御专业和防空反导专业培养军事人才，只有空天防御军事学院能够培养空天防御方面的综合性人才。而该校从1997年起也历经多次缩编，在“武装力量新面貌”改革中甚至险些被裁撤。其中，“1997年，空天防御军事学院把电子对抗和歼击航空兵专业交

给了加加林空军学院”[①]。其实，空天防御军事学院的防空歼击机及地面电子对抗专业和加加林空军学院的前线歼击机及空中电子对抗专业是两种完全不同的专业：防空歼击机主要负责快速机动地前出实施对空打击，辅助地空导弹部队作战，通常不携带空地导弹，而前线歼击机则主要负责对地面部队实施火力支援，通常携带空地导弹；空中电子对抗专业和地面电子对抗专业的装备使用和作战组织方法也有很大不同。在“武装力量新面貌”改革中，“空天防御军事学院 2009 年把导弹 - 太空防御专业交给军事航天学院；2010 年起彻底停止招收国内学员，只负责培训外国学员”[②]。直到“2012 年 11 月绍伊古上任国防部部长后，国防部才于 2013 年根据多数人的意见做出保留空天防御学院的决定”[③]。经过多年的裁撤合并，空天防御综合性人才的教育资源严重萎缩，培养能力急剧下降，这导致担负反导任务的各军兵种部队指挥员对担负的任务缺乏宏观的理解，对空天防御一知半解的人员充斥这一领域的各级机关，致使空天防御建设进程中问题丛生。

二是反导武器研制人才断代严重，且新生力量不足。1945—2005 年，反导武器研制专家的平均年龄不断上升。“1945—1965 年，专家的平均年龄约 30 岁，涌现出诸多著名的设计师，如列宾、库里科沙、伊万佐夫、瓦西里耶维齐等。1965—1985 年，由于后续人才减少以及名家效应，苏联缺乏对年轻人才的重视，专家的平均年龄不断攀升，到 1985 年，专家的平均年龄已接近 60 岁。1985—2005 年，专家的平均年龄继续攀升到 70 岁，在这一阶段，年轻人事实上已经基本不参与相关武器的研制工作了。”[④] 从 20 世纪 90 年代中期开始，反导武器研发进程几近停滞，大量

① Владимир Барвиненко, Юрий Аношко, “Войска ВКО: итоги первого года”, *Воздушно - космическая оборона*, No. 1, 2013, http: //www. vko. ru/voennoe - stroitelstvo/voyska - vko - itogi - pervogo - goda.

② Владимир Барвиненко, Юрий Аношко , “Войска ВКО: итоги первого года”, *Воздушно - космическая оборона*, No. 1, 2013, http: //www. vko. ru/voennoe - stroitelstvo/voyska - vko - itogi - pervogo - goda.

③ Борис Чельцов, “Каким будет новый облик ВКО”, *Воздушно - космическая оборона*, No. 1, 2014, http: //www. vko. ru/koncepcii/kakim - budet - novyy - oblik - vko.

④ Юрий Борисов, Евгений Гаврилин, “Отсутствие кадров может погубить ВКО”, *Воздушно - космическ ая оборона*, No. 3, 2008, http: //www. vko. ru/oboronka/otsutstvie - kadrov - mozhet - pogubit - vko.

老专家离开岗位，研究工作缺乏流派传承，人员的断代现象十分严重。当前，俄罗斯非常缺乏反导武器的研制人才，特别是反导系统的雷达定位设备和拦截弹指控设备的研制人才。

另外，尽管俄罗斯反导理论研究方面的工作总体来说是积极超前和富有成效的，但也存在乱象丛生的情况。有些学者盲目照搬西方经验，有些学者为领导的“拍脑袋”决策提供科学论证，有些学者不清楚历史发展脉络就妄加评论和预测。例如，有些学者不经研究照搬西方经验，在俄军成立之初，提出把俄军改造成与美军一样的三军种架构。根据此建议，总参谋部于1992年制定了《军兵种结构调整计划》，希望把俄罗斯的五军种改为三军种架构，撤销防空军。但是，相比于美国，对于俄罗斯来说，防空的意义要大得多，任务也重得多。因为美国军队实行全球部署，俄罗斯军队则以保卫本国及盟国安全为主要任务，其中对空防御是其最重要的任务之一。并且，俄罗斯防空比美国艰难得多：“俄罗斯需要防卫的国土面积是美国的1.8倍。”[①] 美国驻欧的空袭兵器飞抵俄罗斯的时间要远远少于俄罗斯空袭兵器飞抵美国的时间，而且俄罗斯的预警和拦截武器要弱于美国。因此，俄罗斯不能轻易撤销防空军的军种地位。1992—1996年，总参谋部跨军种联合小组的论证推翻了这一计划，但却未能阻止谢尔盖耶夫将防空军撤销。直到空天军的成立，俄罗斯统一的防空（空天防御）体系才得以真正恢复。

---

① Волков С. А., “Путем проб и ошибок”, *Воздушно - космическая оборона*, No.2 - 4, 2010, http://www.vko.ru/voennoe - stroitelstvo/putem - prob - i - oshibok - 1; http://www.vko.ru/voennoe - stroitelstvo/putem - prob - i - oshibok - 2; http://www.vko.ru/voennoe - stroitelstvo/putem - prob - i - oshibok - 3.

第六章 俄（苏）反导力量建设的主要启示

俄（苏）反导力量建设在反导战略定位、武器研制、组织建设及作战运用等方面积累了丰富的经验，也经受了不少沉痛的教训。这些经验教训对我国反导力量建设具有重要的启示意义。

第一节 加强反导顶层设计和规划

俄（苏）在反导力量的顶层规划、战略定位、战略遏制体系调整以及裁军军控等方面的经验教训，可为我国反导力量发展规划提供有益的启示。

一、将反导力量纳入空天防御发展规划

为明确反导发展方向，首先必须正确判断相关威胁。俄罗斯预测，2020—2025 年美国将开始部署全球快速打击系统，届时，俄罗斯将面临来自美国及北约的空天一体化进攻威胁。由此，俄罗斯将反导建设纳入空天防御的统一规划。

从世界范围看，大国对空天防御实施一体化建设是必然趋势。我国反导力量建设在顶层规划上应该积极借鉴俄罗斯的经验教训，使反导力量建设为未来空天防御一体化建设奠定基础。我国反导武器的建设，短期内可只考虑拦截弹道导弹的问题，而其长远发展必须考虑拦截空天一体化进攻武器的问题。因此，我国在规划空天防御相关武器建设时，应高度重视各分系统所采用技术和基础元器件的标准化问题，特

别是指控系统的兼容性问题，以便为未来空天防御系统的建设打下良好基础。

二、颁布指导文件并成立顶层领导机构

苏联军政高层一直高度重视反导系统的建设，苏共中央和苏联部长会议曾专门研究并部署每一阶段的建设事宜，同时在国防部成立第4总局，负责统领反导武器系统的研制、列装和部署工作。苏联解体后，俄罗斯于1993年和2006年分别颁布了《关于俄罗斯联邦防空的命令》和《俄罗斯联邦空天防御构想》，并多次在总参谋部成立跨军种联合工作小组，研究反导系统的建设问题。这启示我们：一是应尽早出台关于反导武器的建设纲要，以引领反导武器的发展；二是应尽早成立高级别的专门机构统领反导武器的发展。根据俄罗斯的经验，“这个机构成立得越早，武器建设进程就越快，就越能少费时间精力，少走弯路”[①]，也更有助于在武器分建时期就实现标准化和通用化设计，为日后系统合用奠定基础。

三、丰富符合国情军情的战略威慑体系

俄罗斯反导系统的战略定位直接影响其战略威慑体系的调整。俄罗斯新的战略威慑体系由核进攻力量和空天防御力量构成。我国奉行“最低限度核反击”的核战略威慑政策。然而，当前我国核威慑能力正面临着严峻挑战，未来这一挑战将会更加严峻。

当前，我国核威慑能力面临的挑战具体表现在以下几点。

（一）面临美、印导弹防御系统的威胁

一方面，美国在亚太地区部署了其90%的导弹防御武器：在东太平洋，美国阿拉斯加州和加利福尼亚州的两个导弹防御基地共拥有30枚陆基中段拦截弹；在西太平洋，“美国已建设了从澳大利亚，经菲律

① С. А. Волков, “Путем проб и ошибок”, *Воздушно – космическая оборона*, No. 2 – 4, 2010, http: //www. vko. ru/voennoe – stroitelstvo/putem – prob – i – oshibok – 1; http: //www. vko. ru/voennoe – stroitelstvo/putem – prob – i – oshibok – 2; http: //www. vko. ru/voennoe – stroitelstvo/putem – prob – i – oshibok – 3.

宾、中国台湾地区、韩国、日本到阿拉斯加的东方导弹防御体系”[1]，形成了以宙斯盾系统为基础的“西太平洋环形导弹防御体系”[2]。美国在西太平洋部署的战区导弹防御武器，能凭借其距离优势对我国核力量实施早期预警与拦截，它与美国东太平洋（本土）的战略导弹防御系统一起对我国核力量构成双层预警与拦截体系。另一方面，印度导弹防御系统已具备拦截射程 2000 千米中程弹道导弹的能力（可通过在中印边境部署导弹防御系统，拦截我国中程弹道导弹），未来还将具备拦截射程 6000 千米弹道导弹的能力，可拦截来自我国的各种核弹道导弹。

（二）可能面临高超声速武器打击的威胁

美国“全球快速打击”计划正在实施过程中，美国已提出了 HTV－2、AHW 等论证项目；俄罗斯也在研制高超声速武器系统，如“锆石”高超声速武器等。高超声速武器具有超远程、超快速和超精确打击的能力，未来可对我国的核力量实施先发制人的常规打击。

（三）面临美俄等国核打击的潜在威胁

美俄核弹头的数量远比我国多，并且都主张实施先发制人的核打击。根据 STARTⅢ条约规定，2018 年美俄将把实际部署的核弹头数量裁减至 1550 枚，这一数量仍远比我国核武库的数量多。其中，根据俄罗斯学者分析，“美国先发制人的核打击可一次性摧毁中国 90% 的核力量，美国在亚太地区（包括美国本土太平洋沿岸）部署的导弹防御系统，可拦截中国剩余 10% 的核力量”[3]。由于我国奉行不首先使用核武器的政策，且核武库规模有限，所有核弹头与运载工具分开存放，我国遭遇先发制人核打击后所剩余的核力量，再经敌反导系统的拦截，所能达成的报复效果将十分有限。因此，我国应积极丰富战略威慑体系。近年来，俄罗斯提升以反导反卫为主体的空天防御力量的战略地位，把其作为与核力量并行的战略遏制力量。这一经验可为我国提供一定的启示。

---

① Владимир Евсеев，“Восточный рубеж американской ПРО”，*Независимое военное обозрение*，http：//pressa. ru/Docsfile/list/id_ pub/3321/year/2012.

② 朱锋：《弹道反导计划与国际安全》，上海人民出版社 2001 年版，第 428 页。

③ Алексей Арбатов. Владимир Дворкин，*Большой стратегический треугольник*，Московский Центр К арнеги，2013，с. 27.

四、反导裁军与其他裁军挂钩以避免被动

自1972年起，俄美围绕反导问题进行了40多年的裁军军控斗争。俄罗斯在这方面的经验教训对我国处理相关裁军谈判问题具有重要启示。

一是把限制反导发展问题与核裁军相挂钩。俄罗斯一直把反导裁军与核裁军相互挂钩。在美国退出《反导条约》后，俄罗斯就对核裁军条约持消极不合作态度。

我国未来面临的核裁军压力将进一步加大。由于美俄核裁军的进程受阻，未来，美俄战略核裁军军控谈判很可能希望其他国家加入（首先是中国的加入）。对此，俄罗斯副外长里亚布科夫称："在其他国家增强核弹及常规导弹潜力的情况下，我们不能永无止境地与美国双边商谈削减和限制核武器事宜，赋予核裁军进程多边性质已经变得越来越迫切。"① 俄罗斯著名裁军专家科科申称："鉴于中国与美、俄的核武器数量相差较大，但核运载工具的数量差距并不大，可以以核运载工具的数量为基础进行美中俄之间的核裁军谈判。"② 对此，我国可以考虑把反导裁军作为参加核裁军的前提条件。

二是积极支持反导、反卫及未来高超声速武器等战略武器的裁军。近年来，为维护战略稳定，俄罗斯积极提出关于反导反卫裁军的倡议，并希望把高超声速武器纳入美俄有关裁军的条约内。目前，世界上对这三种战略性武器还没有有效的裁军条约，而这三种战略武器能够威胁核生存能力，并直接影响战略稳定。我国应积极支持反导裁军、反卫裁军及高超声速武器的裁军倡议，并将它们与未来可能面临的核裁军紧密挂钩。这样，才能在世界总体和平的背景下，以尽可能低的军费支出保障我国国家安全。此外，值得注意的是，俄罗斯（与我国一道）近年来关于太空裁军条约的提议并未涉及反导武器。鉴于反卫武器与反导武器具有诸多方面的互通性，未来，我国如果与俄罗斯等国继续提出太空武器裁军条约，应尽量使太空裁军条约包含对反导武器的限制说明。

---

① Рябков：Россия и США не могут постоянно договариваться о разоружении，https：//realty. vz. ru/news/2013/5/28/634539. html.

② Алексей Арбатов. Владимир Дворкин，*Большой стратегический треугольник*. Московский Центр Карнеги，2013，с. 37 –42.

第二节　分步建设反导武器系统

一、先分建后合用，逐步加强武器融合

俄（苏）反导武器系统在初建时期由不同机构分别研制，在武器试验成功后，再进入合用阶段。这一点值得我国学习借鉴。

一是在各子系统初建时期，应重点关注各子系统的通用性问题。俄（苏）反导系统各子系统在初建时期因计算机软件不通用，相互之间难以兼容，我国应充分汲取这方面的教训。在各子系统分建阶段，相关领导机构应从一开始就制定统一的标准（尤其是指挥控制系统的算法），以保证各子系统的相互兼容。

在子系统建设中，俄罗斯优先发展导弹袭击预警系统和太空监视系统，因为这两个系统不仅能为反导提供预警，而且能为核武器运用及反卫提供重要的预警或目标引导信息。这一点对于我国来说具有重要的借鉴意义。此外，根据俄（苏）的经验，在反导拦截子系统建设中，应考虑首先研制投入相对较少的陆基反导系统，待陆基反导系统成熟后，再发展海基型号。并且，要尤为重视反导指挥控制系统的建设。苏联在建设初期忽视导弹袭击预警指挥控制系统的建设，致使“1970 年摩尔曼斯克雷达站对苏联弹道导弹发射实验的跟踪失败”[①]，此后苏联汲取教训加大了对反导指控系统研制的投入。

二是在子系统建设完成后，应尽快合并研制机构。为保障各子系统的通用化和集中研发力量，应适时合并各子系统的研制机构，以集中科研力量，并从根本上解决标准可能不统一的潜在问题。根据俄（苏）的经验，合并各研制机构对推动各子系统的通用化具有十分显著的成效，但机构垄断也可能

---

① Владимир Стрельников, Сергей Курушкин, Виктор Панченко, “Краеугольный камень воздушно - космическ ой обороны”, *Воздушно - космическая оборона*, No. 3, 2010, http://www.vko.ru/koncepcii/kraeugolnyy - kamen - vozdushno - kosmicheskoy - oborony.

导致竞争缺乏和效率下降。鉴于此，在参考俄罗斯合并研制机构做法的同时，我国反导装备发展可采用军民融合的方式，引入民用企业，以探索最有效的途径。

三是为未来空天防御武器一体化发展奠定基础。俄罗斯空天防御武器正在向构成空天预警系统、空天拦截系统、空天指挥系统及空天保障系统的功能一体化方向发展。鉴于此，我国反导武器的建设也可考虑尽早为空天防御一体化发展奠定基础。俄罗斯陆军 S－300V 及空天军 S－300P 系统无法通用，S－400 系统与 A－135 系统难以协同，都是因为在研制时未被纳入空天防御一体化发展的框架之中。这成为当前俄罗斯空天防御一体化发展的重大障碍，这一深刻教训，应引起我们高度重视。

二、重视发展机动型陆基和海基反导武器

出于拦截战役战术弹道导弹及临近空间高超声速武器的需要，反导武器系统的机动能力和陆海通用性能越来越受到大国的重视。例如，俄罗斯正在研发机动性能更强的 S－500 防空反导系统（陆海通用）及具有低层机动拦截能力的 A－235 战略反导系统。美国也在大力发展陆海通用的“标准－3”机动导弹防御系统。鉴于我国面临的主要威胁来自海上，沿海岸部署的机动型陆基及海基反导系统，将对我沿海空天防御具有非同寻常的意义。

此外，战略反导系统应尽量采用常规弹头，以及反导系统应该“轻部署重研发”等，这也是俄罗斯反导武器建设给我们提供的重要启示。

第三节　合理建设反导力量体制编制

我军体制编制深受俄（苏）军队的影响，因而在反导力量的体制编制建设上也应重视俄（苏）的经验和教训。

一、优先建设导弹袭击预警与太空监视的指控总中心

导弹－太空防御一体化建设是俄罗斯反导系统建设的重要原则之一。

其中，反导与太空防御的侦察预警系统——导弹袭击预警系统和太空监视系统的一体化建设最为关键。俄（苏）反导与太空防御侦察预警系统的信息总出口是俄（苏）导弹袭击预警中心。该中心不仅是反导行动和核反击行动的“眼睛”，而且为太空防御行动提供补充预警信息。鉴于此，我国可考虑优先整合发展反导与太空防御的侦察预警系统，建立担负类似俄罗斯导弹袭击预警指挥中心职能的指控中心，使其汇总来自不同子系统的预警信息。

二、警惕军种利益使反导力量体制编制反复重构

跨军兵种的职能司令部的建立实际上可以解决跨军兵种的联合指挥问题。例如，美军通过组建职能司令部的方式解决了职能领域跨军种指挥的问题，实现“建”与“用”的分离，在不改变军种现有组织体制的情况下，通过出让作战指挥权实现了防空反导领域的统一指挥。

但是，俄（苏）长期形成的过度集权的军队领导体制，使俄军各军兵种领导人不适应将指挥权交由职能司令部的做法，而习惯于“谁建设谁使用”。在空天防御（反导）力量组织体制方面，俄军先后多次实施改革，通过新建兵种、转隶关系等方法，将空天防御力量先后转隶于战略火箭军和空军、太空兵和空军、空天防御兵和空军的编成。在改革过程中，反复出现军种利益掣肘的现象，使俄军付出了巨大的代价。

在空天防御指挥体制建设方面，2002—2011 年，俄军先后试验了空军莫斯科特种司令部的模式和空天防御联合战略战役司令部的模式，探索通过职能司令部的形式，使一个军种主导指挥其他军兵种的防空反导力量。但是由于军兵种利益矛盾，实验最后以失败告终，俄罗斯重新回到了组建独立兵种的道路上。结果，力量越来越分散，指挥关系越来越复杂。2015 年，俄军通过新建空天军新军种，解决了空天防御（反导）力量的统一建设问题，并通过剥夺空天军总司令作战指挥权的方法，实现了“建”与“用”的分离。目前，空天军的第 15 空天集团军和第 1 防空反导集团军由总参谋部国家防务中心直接指挥，空天军的空军各空天集团军由五大战略方向的联合战略司令部直接指挥，在构建空天防御领域职能司令部上迈出了重要一步。但在职能司令部的建设和运行方面，仍然存在一些问题，要解决这些问题俄罗斯还有很长的路要走。

我国应充分吸取俄军这方面的惨痛教训，警惕军种利益的掣肘，应通过分离作战指挥与领导管理职能和构建职能性联合司令部，实现对各军兵种防空反导力量的统一指挥。

第四节　创新发展空天作战理论

一、超前研究空天作战理论以牵引反导系统建设

只有尽早预判未来威胁并据此构建未来作战理论，使作战理论走在装备建设和体制编制建设的前面，才能发挥作战理论引领武器装备和体制编制发展的作用，保证军队具有时代先进性，从而有效应对潜在威胁。

俄（苏）空天作战理论一直牵引反导力量的建设发展。苏联于20世纪70年代提出的抗击敌空天袭击的战略性战役，将反导与反卫作战紧密结合，从而带动了苏联反导与反卫武器及体制编制的整合。俄罗斯于2004年提出的战略性空天战役，将反导反卫与防空作战行动进一步整合，从而带动了反导力量向空天防御力量一体化方向发展。

根据这一经验，我国可首先创新反导领域的未来作战理论，以预先引领反导武器和体制编制的发展。

二、在反导领域运用非对称思想

俄罗斯在反导领域采用了多种非对称战法，例如使用“伊斯坎德尔－M”战役战术导弹打击美国部署在欧洲的反导系统，建设具有突防能力的核武器突防敌导弹防御系统，研制用反卫武器来攻击/干扰敌导弹袭击的预警卫星，使用“伞”系统对导弹袭击预警卫星实施光学/电子干扰，等等。

非对称思想也是我军军队建设和作战理论的重要指导思想。毛泽东提出的“你打你的，我打我的”就是典型的非对称作战思想。再如，我国积极发展“撒手锏”武器，而不谋求“处处争强”，也是非对称思想的体现。

在反导作战中，鉴于敌强我弱的客观现实，我国应借鉴俄罗斯的做法将非对称思想作为反导领域的主要指导思想之一。

第五节　全面促进反导领域科教工作发展

一、成立独立的反导领域军事理论研究机构

在俄（苏）反导建设历史上，国防部第2科研所、国防部第45科研所都曾是专门研究反导领域军事理论问题的高级别机构。自俄罗斯把反导纳入空天防御一体化发展框架后，俄罗斯不再有单独负责反导领域军事理论研究的机构，而是成立了负责空天防御领域军事理论研究的机构。俄罗斯当前的空天防御中央研究所就是一所专门负责空天防御领域军事理论研究的机构。我国可考虑建立专司反导（甚至空天防御）领域军事理论研究的高级别机构，以集中该方面的跨军兵种的科研力量，为反导力量的发展规划、力量部署和体制编制建设等提供强有力的理论指导。

二、提升民间智库和地方高校的作用

俄罗斯国际事务委员会、俄罗斯科学院世界经济与国际关系研究所等官方智库对俄罗斯反导力量建设的战略问题研究做出了重要贡献。俄罗斯的空天领域问题体制外专家委员会则是空天防御领域内著名的民间智库。当前，我国社会和科学院等地方研究机构对反导发展问题的涉猎极为有限，我国反导领域（空天防御领域）的专业民间智库也尚未出现。我国急需加强军地科研机构的互动，推动建立相关的民间智库，以集中和丰富反导领域的研究力量。

同时，俄（苏）的莫斯科物理技术学院（MFTI）、莫斯科航空学院（MAI）及莫斯科国立无线电技术、电子和自动化学院（MIREA）等地方高校为俄（苏）反导武器建设培养了大量人才。我国也可考虑通过加强实施地方大学生特招入伍、文职人员招聘等多方面措施，加大依托地方高校培养反导武器建设人才的力度。

三、警惕派系斗争和盲目改革阻碍工作开展

在俄（苏）反导力量建设历史上，派系斗争和盲目改革不仅阻碍了反导武器的正常研制进程，迟滞了反导力量体制编制研究成果的应用，而且破坏了反导领域的教育体系。我国应警惕派系斗争对反导领域科研工作的消极影响；也应避免盲目改革破坏对反导领域科教机构体制编制的正确设计。只有有凭有据和理论支撑有力的良性改革，才能促进反导领域科教工作的开展。

四、空天防御综合性人才是人才培养的未来方向

近年来，俄罗斯强调空天防御的综合性人才培养，而不再强调独立培养反导领域的人才。尽管我国并没有像俄罗斯一样执行空天防御整合的发展规划，但是反导与防空及反卫力量之间的密切关系与生俱来。并且，随着美国高超声速武器的快速研发，空中和太空威胁的界限已经越来越模糊，我国同样面临着空天一体的打击威胁。空天防御的力量整合也很可能是我国反导力量未来发展的方向。因此，我国反导领域人才的培养也应着眼于未来，以空天防御综合性人才的培养为目标，尽早制订反导、防空及反卫综合性人才的培养计划和方案。

附　录

俄（苏）反导及太空监视视距雷达站列表

俄(苏)所有导弹袭击预警雷达站	所列装雷达类型	解体前	1991—2001 年	2001—2010 年	2011—2016 年	2017—2020 年
RO－1,摩尔曼斯克州奥列涅戈尔斯克市雷达站	德涅斯特－M 雷达,后更新为第聂伯雷达和达乌加瓦雷达	√	√	√	√	√计划 2017 年开始升级为沃罗涅日 VP雷达
RO－2,拉脱维亚里加市雷达站	德涅斯特－M 雷达,后更新为第聂伯雷达和达里亚尔－UM 雷达	√	√1994—1998 年租用,1999 年拆除	×	×	×
RO－4,塞瓦斯托波尔市雷达站	第聂伯雷达	√	√2008 年起不再租用	×	√2014年克里米亚入俄后,重新归俄所有	√
RO－5,乌克兰穆卡切沃市雷达站	第聂伯雷达,后更新为达里亚尔－UM 雷达	√	√2008 年起不再租用	×	×	×
RO－7,阿塞拜疆加巴拉市雷达站	达里亚尔雷达	√	√	√ 2002—2012 年租用	×2012 年 12 月 9 日起不再租用	×
RO－30,科米共和国伯朝拉市沃尔库塔雷达站	达里亚尔雷达	√	√	√	√2015 年 9 月 24 日开始升级为沃罗涅日－DM 雷达	√

续表

俄(苏)所有导弹袭击预警雷达站	所列装雷达类型	解体前	1991—2001 年	2001—2010 年	2011—2016 年	2017—2020 年
白俄罗斯巴拉诺维奇市雷达站	伏尔加雷达	×	×	√2003 年 10 月运行,租用	√租用	
OS-1,哈萨克斯坦巴尔喀什市古里沙特雷达站	第聂伯雷达,达里亚尔-U雷达	√	√租用	√租用	√租用	√升级为沃罗涅日-DM雷达
OS-2,伊尔库茨克州米舍列夫卡镇雷达站	第聂伯雷达	√	√	√	√2010 年开建,2012 年 5 月 23 日更新为沃罗涅日 M雷达	√
OS-3,克拉斯诺亚尔斯克边疆区的叶尼塞斯克市雷达站	达里亚尔-UM 雷达,后被拆除	×	×	×	√2013 年开始重建,2017 年启用,使用沃罗涅日-DM 雷达	√
列宁格勒州的列赫图西镇雷达站	沃罗涅日-M 雷达	×	×	×	√2012 年 2 月正式执行战斗执勤	√升级为沃罗涅日 VP雷达
克拉斯诺达尔边疆区的阿尔马维尔市雷达站	沃罗涅日-DM 雷达	×	×	×	√2006 年开建,2012 年值班	√
加里宁格勒州皮奥涅尔斯基市雷达站	沃罗涅日-DM 雷达	×	×	√2008 年开建,2014 年 12 月启用	√4000 千米升级为 6000 千米	√
奥伦堡州奥尔斯克市雷达站	沃罗涅日-M 雷达	×	×	×	√2013 年开始列装,2017 年启用	√
阿尔泰边疆区巴尔瑙尔市雷达站	沃罗涅日-DM 雷达	×	×	×	√2013 年开始列装,2017 年启用	√
阿穆尔州结雅市雷达站	沃罗涅日-DM 雷达	×	×	×	×2015 年 9 月开建	√

参考文献

[1] [俄] 安·阿·科科申:《军事战略新论》,于淑杰等译,军事科学出版社2009年版。
[2] [俄] 弗·伊·安年科夫等:《国际关系中的军事力量》,于宝林等译,金城出版社2013年版。
[3] [俄] 弗·谢·别洛乌斯:《反导弹防御和21世纪的武器》,徐锦栋译,东方出版社2004年版。
[4] [印] 维纳德·库马尔:《龙之盾中国的弹道导弹防御能力透视》,三省斋编译,《现代舰船》2010年第11期。
[5] 陈学惠:《关于俄罗斯的“遏制”和“核遏制”》,《解放军外国语学院学报》2010年第4期,第64页。
[6] 建业、兆然:《俄罗斯A-135战略反导系统》,《航空知识》2000年第1期。
[7] 姜永伟:《俄军“国家空天防御系统”建设发展趋势》,《理论文摘》2008年第6期。
[8] 陆南泉、姜长斌:《苏联剧变深层次研究》,中国社会科学出版社1999年版。
[9] 任德新:《构建中国海上反导长城》,《舰船知识》2010年第5期。
[10] 孙连山、杨晋辉:《导弹防御系统》,航空工业出版社2004年版。
[11] 王春生、刘娜:《俄应对美全球快速打击威胁的战略思考》,《外国军事学术》2014年第3期。
[12] 魏晨曦:《俄罗斯的空间目标监视、识别、探测》,《中国航天》2006年第8期。
[13] 吴莼思:《威慑理论与导弹防御》,长征出版社2001年版。

[14] 赵春英：《天军十年》，《中国青年报》2012 年 1 月 20 日第 9 版。

[15] 朱锋：《弹道导弹防御计划与国际安全》，上海人民出版社 2001 年版。

[16] 朱明权、吴莼思、苏长和：《威慑与稳定——中美核关系》，时事出版社 2005 年版。

[17] 中国军事科学院编译：《苏联军事百科全书中译本》（第一卷），中国人民解放军战士出版社 1982 年版。

[18] Air Defense: Russia Steps Back (2012 - 5 - 1), http://www.strategypage.com/htmw/htada/articles/20120501.aspx.

[19] Bernd W. Kubbig, *The Wohlstetter/Rathjens controversy. The making of the ABM treaty, and lessons for the current debate about missile defense*, Frankfurt am Main: Peace Research Institue Frankfurt, 1999.

[20] Cimbala Stephen J., *Shield of dreams: missile defense and U.S. - Russian nuclear strategy. Annapolis*, Md.: Naval Institute Press, 2008.

[21] Dean Burns and Lester H. Brune, *The quest for missile defenses*, 1944 - 2003, CA: Regina Books, 2003.

[22] James M. Acton, Debating Conventional Prompt Global Strike (2013 - 10 - 3), http://carnegieendowment.org/2013/10/03/debationg - conventional - prompt - global - strike/gp0h.

[23] Jennifer G. Mathers, *The Russian nuclear shield from Stalin to Yeltsin*, ST. MARIN' S PRESS, 2000.

[24] Klimenko A. P. и Frolov O. P., Training of officer personnel for aerospace defence system of the Russian Federation, http://www.highbeam.com/doc.1G1 - 177637182.html.

[25] Michael J. Deane, *The role of strategic defense in Soviet strategy*, Advance International Studies Institue, 1980.

[26] Rusten Lynn, *U.S. withdrawal from the Antiballistic Missile Treaty*, Washington, D.C.: National Defense University Press, 2010.

[27] Stephen J. Cimbala, *Shield of Dreams: Missile Defenses and U.S. - Russian Nuclear Strategy*, Naval Institute Press, 2008.

[28] Stephen J. Cimbala, "SORT - ing Out START Options for U.S. - Russian Strategic Arms Reductions", *JFQ*, No. 55, 2009, http://www.ndu.edu/inss/Press/jfq pages/i55.htm.

[29] 4 – й Центральный научно – исследовательский институт Министерсва обороны, http: //rvsn. ruzhany. info/4cnii/index. html.

[30] Аверьянов Ю. Г. , Арсенюк Т. А. и другие, *Военный энциклопедический словарь*, Москва: издательство «ЭКСМО», 2007.

[31] Акопян М. С. , *Доктрина “сдерживания”*, Москва, 1972.

[32] Александр Тарнаев, “Кто защитит наше небо”, *Военно – промышленный курьер*, No. 32, 2013, http: vpk – news. ru/articles/17139.

[33] Алмаз – Антей, http: //gruzdoff. ru/wiki/Алмаз – Антей.

[34] Алтайский оптико – лазерный центр имени Г. С. Титова, http: //ru. wikipedia. org/wiki/Алтайский_ оптико – лазерный_ центр_ имени_ Г. _ С. _ Титова.

[35] Анатолий Корабельников. “Бессмысленный бег на месте”, *Воздушно – космическая оборона*, No. 3, 2014, http: //vko. ru/voenneo – stroitelstvo/bessmyslennyy – beg – na – meste.

[36] Андрей Картаполов, “Приказ поступит из центра”, http: //www. rg. ru/2014/10/27/kartapolov. html.

[37] Андрей Михайлов, “Как строить ВКО в современных условиях”, *Воздушно – космическая оборона*, No. 6, 2010, http: //www. vko. ru/DesktopModules/Articles/ArticlesView. aspx? tabID = 320&ItemID = 393&mid = 2892&wversion = Staging.

[38] Андреев П. М. , *Оружие противоракетной и противокосмической обороны*, М. : Воениздат, 1971.

[39] Анисимов Владимир, Батырь Геннадий, Меньшиков Александр, “СККП России: вчера, сегодня, завтра”, *Воздушно – космическая оборона*, No. 6, 2003, http: //www. vko. ru/oruzhie/skkp – rossii – vchera – segodnya – zavtra.

[40] Анисимов В. Д. и Батырь Г. С. , “Система контроля космического пространства”, http: //old. vko. ru/article. asp? pr _ sign = archive. 2004. 19. 29.

[41] Анна Потехина, “Щит над небом”, *Красная звезда*, ноябрь 29, 2013, с. 1.

[42] Арбатов Алексей, “Тактическое ядерное оружие – проблемы и решения”,

Военно – промышленный курьер, No. 17, 2010, http://vpk – news. ru/artcles/6626.

[43] Арбатов Алексей, "Новые угрозы – новые решения", *Независимое военное обозрение*, декабрь 6, 2013, http://nvo. gn. ru/concepts/2013 – 12 – 06/1_ progress. html.

[44] Арбатов А. Г. (ред.) и др. *Перспективы трансформации ядерного сдерживания*, Москва: ИМЭМО РАН, 2011.

[45] Арбатов Алексей и Дворкин Владимир, *Большой стратегический треугольник*, Московский Центр Карнеги, 2013.

[46] Ашурбейли Игорь, "«Алмаз» – 55!", *Воздушно – космическая оборона*, No. 3, 2002, http://www. vko. ru/istoriya/glavkom – batickiy.

[47] Ашурбейли Игорь, "Милитаризация космоса неизбежна", *Воздушно – космическая оборона*, No. 2, 2014, http://www. vko. ru/voennoe – stroitelstvo/militarizaciya – kosmosa – neizbezhna.

[48] Бабакин Александр, "Рокировка ПВО на ВКО", *Независимое военное обозрнеие*, февраль 18, 2005, http://nvo. ng. ru/armanent/2005 – 02 – 18/6_ pvo. html.

[49] Бабакин Александр, "От «Дуная» до «Воронежа»", *Воздушно – космическая оборона*, No. 12, 2011, http://www. vko. ru/oboronka/ot – dunaya – do – voronezha.

[50] Балаян Олег Рубенович, "Роль и место Военной академии воздушно – космической обороны имени Маршала Советского Союза Г. К. Жукова в военном образовательном и научном комплексе", *Военная мысль*, No. 2, 2007.

[51] Барвиненко Владимир и Аношко Юрий, "Войска ВКО: итоги первого года", *Воздушно – космическая оборона*, No. 1, 2013, http://www. vko. ru/voennoe – stroitelstvo/voyska – vko – itogi – pervogo – goda.

[52] Барвиненко Владимир и Аношко Юрий, "Критиканство положений теории плодов не дает", *Воздушно – космическая оборона*, No. 4, 2014, www. vko. ru/voennoe – stroitelstvo/kritikanstvo – polozheny – teorii – plodov – ne – daet.

[53] Белоус Владимир, Сдерживание и концепция применения ядерного

оружия первыми, июнь 25, 2007, http: //viperson. ru/wind. php? ID = 325635.

[54] Бельский Александр, Здор Станислав, Колинько Валерий и Яцкевич Николай, "«Окно» в космос", *Воздушно - космическая оборона*, No. 2, 2010, http: //www. vko. ru/oruzhie/okno - v - kosmos.

[55] Божьева Ольга, "Уроки Балканской войны", *Независимое военное обозрение*, декабрь 22, 2000, http: //nvo. ng. ru/forces/2000 - 12 - 22/3_ lessons. html.

[56] Божьева Ольга, " «Триумф» состоялся. Войска к нему готовы", *Красная Звезда*, декабрь 20, 2001, http: //old. redstar. ru/2001/12/20_ 12/1_ 01. html.

[57] Бойцов Маркелл Федорович, "Калькулятор стратегического сдерживания", *Независимое военное обозрение*, сентябрь 9, 2012, http: //nvo. ng. ru/armament/2012 - 08 - 31/8_ calcultor. html.

[58] Борисов Юрий и Гаврилин Евгений, "Отсутствие кадров может погубить ВКО", *Воздушно - космическая оборона*, No. 3, 2008, http: //www. vko. ru/oboronka/otsutstvie - kadrov - mozhet - pogubit - vko.

[59] Бренер Борис Александрович, "Ключевая проблема системы ВКО", *Воздушно - космическая оборона*, No. 1, 2015, www. vko. ru/strategiya/klyuchevaya - problema - sistemy - vko.

[60] Бункин Борис, "Основатель российских систем управляемого ракетного оружия", *Воздушно - космическая оборона*, No. 1, 2001, http: //www. vko. ru/oboronka/osnovatel - rossiyskih - sistem - upravlyaemogo - raketnogo - oruzhiya.

[61] "В 2015 году будет создан новый вид Вооруженных сил России— Воздушно - космические силы", *Красная звезда*, январь 13, 2015, http: //www. redstar. ru/index. php/news - menu/vesti/tablo - dnya/item/20970 - v - 2015 - godu - budet - sozdan - novej - vid - vooruzhennykh - sil - rossii - vozdushno - kosmicheskie - sily.

[62] В сухопутные войска России поступили ракетные системы Тор - М2У и С - 300В4 (2014 - 12 - 26), http: //ruposters. ru/archives/10854.

[63] Василенко В. В., "К какой войне готовиться?", *Воздушно -*

космическая оборона, No. 3, 2010. http://www.vko.ru/strategiya/k-kakoy-voyne-gotovitsya.

[64] Василий Сычев, "Дальнобойный «Воронеж»", http://lenta.ru/articles/2011/12/12/voronеж/_ Printed. htm.

[65] Веселов В. А., Лисс. А. В. и Кокошин А. А., *Сдерживание во втором ядерном веке*, Москва, 2001.

[66] Владимир Барвиненко, "Во главу угла - территориальный принцип системы ВКО", *Воздушно - космическая оборона*, No. 3, 2013, http://www.vko.ru/voennoe-stroitelstvo/vo-glavu-ugla-territorialnyy-princip-sistemy-vko.

[67] ВМФ России модернизирует атомный крейсер «Адмирал Нахимов», http://lenta.ru/news/2011/03/25/cruiser/.

[68] "Воздушно - космическая оборона начинается", *Известия*, июль 7, 2004, http://izvestia.ru/news/290814.

[69] Воздушно - космические войска первыми перейдут на цифровую связь (2012-2-9), http://vpk.name/news/64665_ vozdushnokosmicheskie_ voiska_ pervyimi_ pereidut_ na_ cifrovuyu_ svyaz. html.

[70] "Военно - политический козырь России", *Независимое военное обозрение*, декабрь 17, 1999, http://nvo.ng.ru/wars/1999-12-17/1_ base. html.

[71] Войска Воздушно - Космической Обороны, http://warfare.be/db/lang/rus/catd/239/linkid/2243/title/voyska-vjzdushno-kosmcheskoy-oborony/.

[72] Войска воздушно - космической обороны, https://ru.wikipedia.org/wiki/Войска_ воздушно - космической_ обороны.

[73] Войска ВКО получат новейшие радиолокационные комплексы, www.armstrade.org/includes/periodics/news/2 012/0503/100512746/detal.shtml.

[74] ВолковС. А., "Путем проб и ошибок", *Воздушно - космическая оборона*, No. 2-4, 2010, http://www.vko.ru/voennoe-stroitelstvo/putem-prob-i-oshibok-1; http://www.vko.ru/voennoe-stroitelstvo/putem-prob-i-oshibok-2; http://www.vko.ru/voennoe-

stroitelstvo/putem – prob – i – oshibok – 3.

[75] Волковицкий Вадим, "Прикрытие стратегических ядерных сил – важнейшая задачавоенно – воздушных сил (2)", *Воздушно – космическая оборона*, No. 1, 2010, http://www.vko.ru/koncepcii/prikrytie – strategicheskih – yadernyh – sil – vazhneyshaya – zadacha – voenno – vozdushnyh – sil2.

[76] Волков Сергей, "Слияние льда и пламени", *Воздушно – космическая оборона*, No. 3, 2006, http://old.vko.ru/article.asp? pr_sign = archive.2006.28.01.

[77] Волков Сергей, "Цена ошибок и заблуждений", *Воздушно – космическая оборона*, No. 4, 2006, http://old.vko.ru/article.asp? pr_sign = archive.2006.29.03.

[78] Воронов Ю. Ю. и Лапаев А. В., "55 лет Военной акадеии воздушно – космической обороны имени Маршала Советского Союза Г. К. Жуков", *Военная мысль*, No. 3, 2012.

[79] Восточный военный округ, http://gruzdoff.ru/wiki/Восточный_военный_округ.

[80] ВС России взяли на вооружение новую ракету для ПВО, www.Lenta.ru, Март 6, 2015.

[81] Второе согласованное заявление в связи с Договором между СССР и Соединенными Штатами Америки об ограничении систем противоракетной обороны от 26 мая 1972г., http://www.conventions.ru/view_base.php? id = 1648.

[82] Высшее образование, http://ens.mil.ru/education/higher.htm.

[83] Гареев М. А.," Об организации Воздушно – космической обороны Российской Федерации", *Вестник АВН*, No. 2, 2011.

[84] Главная редакционная комиссия вооруженных сил Российской Федерации, *Военная энциклопедия в восьми томах* (*2 – ая тома*), Москва: Военное издательство, (4 – ая тома), 1999.

[85] Голубев О. В., Каменский Ю. А., Миносян М. Г. и Пупков Б. Д. *Российская система противоракетной обороны* (*прошлое и настоящее – взгляд изнутри*), М.: Техноконсалт., 1994.

[86] Голубев О. В., "Зачем необходимо России развивать и совершенствовать систему ПРО от стратегических баллистических раке", *Советская Россия*, июнь 15, 2000.

[87] Давиденко Владислав, "ВКО России – фантазия или назревшая необходимость", *Воздушно – космическая оборона*, No. 2, 2003, http://www.vko.ru/voennoe – stroitelstvo/vko – rossii – fantaziya – ili – nazrevshaya – neobhodimost.

[88] Джеймс Эктон, "« Неядерный быстрый глобальный удар » и российские ядерные силы", *Независимое военное обозрение*, октябрь 4, 2013, http://nvo.ng.ru/concepts/2013 – 10 – 04/1_ trust.html.

[89] Договор между Союзом Соестких Социалистический Рестпублик и Соединенными Штатами Америки об ограничении систем противоракетной оборны 26 мая 1972 г (1972 – 5 – 26), www.armscontrol.ru/Start/Rus/docs/abm – treaty.htm.

[90] Договор между Российской Федерацией и Соединенными Штатами Америки о сокращении стратегических наступательных потенциалов, www.armscontrol.ru/sTART/rus/docs/sort.html.

[91] Договор между союзом советских социалистических республик и соединенными штатами америки об ограничении систем противоракетной обороны, www.pavlodar.com/zakon/? dok = 03434.

[92] Договор между СССР и США об ограничеиня стратегических наступательных вооружений, http://www.armscontrol.ru/start/rus/docs/osv – 2.txt.

[93] Дроговоз Игорь, *Ракетные войска СССР*, Минск: Харвест, 2007.

[94] Дынкина А. А., *Перспективы трансформации ядерного сдерживания: материалы на конференции "Перспективы трансформации ядерного сдерживания"*, Москва: ИМЭМО РАН, 2011.

[95] Зелин Александр Николаевич, "Роль воздушно – космической обороны в обеспечении национальной безоп – асности Российской Федерации", *Независимое военное обозрение*, февраль 2, 2008, www.warandpeace/ru/ru/analysis/view/19578/.

[96] Золотарев Павел Семенович, "Непродуктивный ответ на стратегию

американской ПРО", *Независимое военное обозрение*, сентябрь 23, 2011, http://nvo.ng.ru/concepts/2011-09-23/1_pro.html.

[97] Евгений Коломийцев, Владимир Ляпоров и Олег Осипов, "«Окно» как страж российсксого неба", *Воздушно-космическая оборона*, No. 1, 2015, www.vko.ru/oruzhe/okno-kak-strazh-rossiyskogo-neba.

[98] Евсеев Владимр, "Восточный рубеж американской ПРО". *Независимое военное обозрение*, Октябрь 5, 2012, http://pressa.ru/Docsfile/list/id_pub/3321/year/2012.

[99] Егор Созаев-Гурьев, "С-400 станет основой противовоздушной обороны России", http://infox.ru/authority/defence/2010/02/17/s_400.phtml.

[100] Единая космическая система в РФ к 2018г будет включать 10 спутников, http: ria.ru/defense_safety/20141120/1035744688.html.

[101] Ерохин И. В., *Воздушно-космическая сфера и вооруженная борьба в ней*, Тверь: Тверская областная типография, 2008.

[102] Ерохин Иван, "Реформа шокирует военных", *Независимое военное обозрение*, ноябрь 21, 2008, http://folt2017.com/index.php/item/monitorng/1369.

[103] Есин Виктор, "Бреши и окна в противоракетном зонтике страны", *Независимое военное обозрение*, июль 30, 2012, http://vpk.name/news/72841_.html.

[104] Завалий Н. Г., *Рубежи обороны—в космосе и на земле*, Москва: ВЕЧЕ, 2004.

[105] Западный военный округ, http://gruzdoff.ru/wiki/Западный_военный_округ_(Россия).

[106] Заяление Преозидента в связи с ситуацией, которая сложилась вокруг системы ПРО сран НАТО в Европе, www.kremlin.ru/news/13637.

[107] Зенитная ракетная система большой и средней дальности С-400 «Триумф», http://vpk.name/library/f/c-400.html.

[108] Зенитная ракетная система пятого поколения С-500 сможет решать весь спектр задач противовоздушной и противоракетной обороны, http://vpk.name/news/128593_zenitnaya_raketnaya_sistema_pyatogo_

pokoleniya_ S - 500 _ smozhet _ reshat _ ves _ spektr _ zadach _ protivovozdushnoi_ i_ protivoraketnoi_ oboronyi. html.

[109] Зенитный ракетный комплекс ПВО средней дальности С - 350 50Р6А "Витязь", http://vpk. name/library/f/vityaz. html.

[110] Зонт из Подмосковья, http: lenta. ru/articles/2011/12/21/interceptor.

[111] ЗРК С - 400, http://pvo. guns. ru/s - 400/maks07_ S - 400. htm.

[112] Иванов И. С., *Десять лет без договора по ПРО. Проблема противоракетной обороны в Российско - американских отношениях*, Москва, 2012.

[113] Игнатьев Александр, "Лазеры стремятся в высоту", *Воздушно - космическая оборона*, No. 1, 2002, http://www. vko. ru/oruzhie/lazery - stremyatsya - v - vysotu.

[114] "Источник: в России появится новый вид вооруженных сил", *Коммерсант*, декабрь 10, 2014, http://www. kommersant. ru/doc/2629931.

[115] Источник: воздушно - космические силы будут созданы к лету 2015 года, http://vpk. name/news/123415 _ isto chnik_ vozdushnokosmiche skie_ silyi_ budut_ sozdanyi_ k_ letu_ 2015_ goda. html.

[116] "К запустку новых российских загоризонтных РЛС", *Армейский вестник*, декабрь 9, 2013, http://army - news. ru/2013/12/k - zapusku - njvyx - rossijskix - zagorizontnyx - rls/.

[117] Калашников М., Сломанный меч империи, М.: Крымский мост - 9Д, Форум, 2000.

[118] Кислуха Александр, "К единому радиолокационному полю страны (2)", *Воздушно - космическая оборона*, No. 3, 2012, http://www. vko. ru/koncepcii/k - edinomu - radiolokacionnomu - polyu - strany - 2.

[119] Кнутов Юрий, "Единая ВКО России: политика и стратегия", *Военно - промышленный курьер*, No. 50, 2010, http://vpk - news. ru/articles/7012.

[120] Ковалев Сергей и Нестеров Сергей, "Получить радиолокационное изображение", *Воздушно - космическая оборона*, No. 1, 2012, http://www. vko. ru/koncepcii/poluchit - radiolokacionnoe - izobrazhenie.

[121] Козин Владимир, *Эволюция противоракетрной обороны США и позиция России*, Ульяновск: Ульяновский дом печати, 2013.

[122] Козин В. П. , *Эволюция противоракетной обороны США и позиция России*, ФИВ, 2013.

[123] Колганов Сергей, " Воздушно – космическая оборона: за что воюем?", *Воздушно – космическая оборона*, No. 3, 2001, http: //www. vko. ru/voennoe – stroitelstvo/vozdushno – kosmicheskaya – oborona – za – chto – voyuem.

[124] Колганов Сергей, " Правильно назвать – правильно понять", *Воздушно – космическая оборона*, No. 4, 2006, http: //www. vko. ru/voennoe – stroitelstvo/pravilno – nazvat – pravilno – ponya.

[125] Конференция «40 – летие первого поражения баллистической ракеты средствами ПРО» (чтения, посвященные памяти генерального конструктора ПРО, член – корреспондента РАН Г. В. Кисунько), М. , 2001.

[126] Коновалов Сергей, " Воздушно – космическая парадигма", *Независимая газета*, январь 30, 2012.

[127] Кокошин А. А. , *Ядерные конфликты в XXI*, М: Медиа – пресс, 2003

[128] Кокошин. А. А. , *Проблемы обеспечения стратегической стабильности: Теоретические и прикладные вопросы*, Едиториал УРСС, 2011.

[129] Кокошин А. А. , *Политико – военные и военные – стратегические проблемы национальной безопасности России и международной безопасности*, Москва: Издательский дом Высшей школы экономики, 2013.

[130] Командующий ВВС России рассказал о зенитном комплексе С – 500, http: //vpk. name/news/81418_ komanduyushii_ vvs_ rossii_ rasskazal_ o_ zentnom_ kovplekse_ S – 500. html.

[131] Конференция«40 – летие первого поражения баллистической ракеты средствами ПВО» (сборник докладов), Москва, 2001.

[132] Концерн ПВО «Алмаз – Антей»преобразован в концерн воздушно – космической обороны , http: //tass. ru/armiya – i – opk/1747526.

[133] Корпорация «Вымпел». Системы ракетно – космической обороны, Издательский дом «Оружие и технологии», 2004.

[134] Корабальниаков А. П. , "Неочевидные аспекты очевидных проблем управления войсками (силами) ВКО России", *Военная мысль*, No. 4, 2007.

[135] Красковский В. М. , *История создания вооржения, систем и войск РКО*, Киев: МВИРЭ, 2007.

[136] Красковский. В. М. и Остапенко Н. К. , *Щит России: системы противоракетной обороны*, Москва, 2009.

[137] Красковский Вольтер, "РКО: вехи крутого пути", *Воздушно – космическая оборона*, No. 3, 2002, http://www.vko.ru/oruzhie/rko – vehi – krutogo – puti.

[138] Криницкий Юрий, "ВКО России: признаки будущей системы", *Воздушно – космическая оборона*, No. 2, 2012, http://www.vko.ru/voennoe – stroitelstvo/vko – rossii – priznaki – budushchey – sistemy.

[139] Криницкий Юрий, "Научно – концептуальный подход к организации ВКО России", *Воздушно – космическая оборона*, No. 1, 2013, http://www.vko.ru/koncepcii/nauchno – konceptualnyy – podhod – k – organizacii – vko – rossii.

[140] Крымский лазер против американской армии , http://putin – online.ru/main/rossiya/1159 – krymskiy – lazer – protiv – amerikanskoy – armii.html.

[141] Куликов Анатолий, "«Свой – чужой» за рубежом", *Воздушно – космическая оборона*, No. 1, 2011, http://www.vko.ru/koncepcii/svoy – chuzhoy – za – rubezhom.

[142] Куликов Анатолий, "Когда сравнение не в пользу Москвы", *Воздушно – космическая оборона*, No. 6, 2011, http://www.vko.ru/voennoe – stroitelstvo/kogda – sravnenie – ne – v – polzu – moskvy.

[143] Купцов И. М. , "Борьба с гиперзвуковыми аппаратами: новая задача и требования к системе воздуно – космической обороны", *Военная мысль*, No. 1, 2011.

[144] Кучерявый М. М. , *Национальная безопасность России в воздушно –*

космическом пространстве, Санкт – Петербург, 2009.

[145] Лавров Антон Владимирович, "Военно – воздушные силы России: давно назревшие реформы (2)", *Воздушно – космическая оборона*, No. 3, 2011, www. vko. ru/voennoe – stroitelstvo/voenno – vozdushnye – sily – rossii – davno – nazrevshie – reformy – 2.

[146] Лавров Антон Владимирович, "Военно – воздушные силы России: давно назревшие реформы (3)", *Воздушно – космическая оборона*, No. 4, 2011, www. vko. ru/voennoe – stroitelstvo/voenno – vozdushnye – sily – rossii – davno – nazrevshie – reformy – 3.

[147] Лейман Д. В., *Воздушно – космическая оборона* СССР в 1956 – 1991 гг.: опыт строительства, уроки, Москва, 2012.

[148] Ленский А. Г. и Цыбин М. М., *Военная авиация Отечества. Организация, вооружение, дислокация*, СПБ, 2004.

[149] Литвинов Владимир, Батырь Геннадий, Меньшиков Александр и Суханов Сергей," От ракетно – космической обороны к Воздушно – космической обороне", http://old. vko. ru/article. asp? pr_ sign = archive. 2005. 20. 12.

[150] Литвинова В. В., " Доклад президента межгосударственной акционерной корпорации ' Вымпел ' Литвинова В. В", http://old. vko. ru/article. asp? pr_ sign = archive. 2004. 19. 23.

[151] Литовкин Виктор, "Четвертая станция", *Независимое военное обозрение*, июнь 1, 2012, http://vpk. name/news/70046 _ chetvertaya _ stanciya. html.

[152] Малафеев Валерий Павлович., *Противоракетная оборона: противостояние или сотрудничество?*, Москва: РОСС ПЭН, 2012.

[153] Меркулов В. И., *Воздушно – космическая политика государств Азиатско – Тихоокеанского региона*, Тверь: ВА ВКО, 2006.

[154] Минобороны России на верном пути, http: army – news. ru/2014/12/minoborony – rossii – na – vernom – puti/.

[155] Михайлов Андрей, " Аппаратура отображения системы ПРО А – 35М", *Воздушно – космическая оборона*, No. 5, 2011, http://www. vko. ru/oruzhie/apparatura – otobrazheniya – sistemy – pro – 35m.

[156] Михайлов Андрей, “Функциональное управление средствами системы А – 35М, *Воздушно – космическая оборона*, No. 5, 2011, http: //www. vko. ru/oruzhie/funkcionalnoe – upravlenie – sredstvami – sistemy – 35m.

[157] Михайлов Андрей, “ПРО страны восходящего солнца”, *Воздушно – космическая оборона*, No. 12, 2011, http: //www. vko. ru/koncepcii/pro – strany – voshodyashchego – solnca.

[158] Михайлов А., “Война в космосе: исходные установки. Американский взгляд на милитаризацию космоса”, *Воздушно – космическая оборона*, No. 3, 2005.

[159] Мохов В., “Россия арендовала РЛС «Дарьял» в Азербайджане”, *Новости космонавтики*, No. 3, 2002.

[160] Мясников В., “Удар по американской стратегии однополярного мира”, *НВО*, No. 32, 2005.

[161] Мясников В., “Крылатая ракета, испытанная президентом, Новое – это хорошо модернизированное старое”, *НВО*, No. 32, 2005.

[162] Михалев Алексей, “На уровень выше”, http: //lenta. ru/articles/2012/04/10/future/.

[163] Михайлов Андрей, “ВКО: необходимо верное решение”, *Воздушно – космическая оборона*, No. 6, 2010, http: //www. vko. ru/voennoe – stroitelstvo/vko – neobhodimo – vernoe – reshenie.

[164] Мисник Виктор, “Первый эшелон СПРН”, *Воздушно – космическая оборона*, No. 1, 2010, http: //www. vko. ru/koncepcii/pervyy – eshelon – sprn.

[165] Малафеев В. П., *Противоракетная оборона и крылатные ракеты—в одной жизни*, Москва: Особая Книга, 2009.

[166] Национальный центр управления обороной заступил на боевое дежурство, http: //военное. рф/2014/Армия6.

[167] Ненартович Николай, “Современные зенитные ракетные системы ПВО и нестратегической ПРО”, *Воздушно – космическая оборона*, No. 3, 2001, http: //www. vko. ru/oruzhie/sovremennye – zenitnye – raketnye – sistemy – pvo – i – nestrategicheskoy – pro.

[168] Новейшая РЛС в Иркутской области готовится к выходу в эфир, www. sdelanounas. ru/blogs/9065.

[169] О компании «Концерн РТИ Системы», www. rtisystems. ru/about.

[170] Образцов Евгений и Пушков Олег, "Маловысотные РЛС: шаг за шагом", *Воздушно – космическая оборона*, No. 4, 2012, http: // www. vko. ru/oruzhie/malovysotnye – rls – shag – za – shagom.

[171] Объявлено о начале строительства Единой космичексой системы, www. riasv. ru/entry/110614.

[172] ОКНО, https: //ru. wikipedia. org/wiki/Окно _ (оптико – электронный_ комплекс) .

[173] Олейников Игорь, " Область контроля – околоземное пространство", *Воздушно – космическая оборона*, No. 1, 2010, http: //www. vko. ru/koncepcii/oblast – kontrolya – okolozemnoe – prostranstvo.

[174] Оружие противоракетной обороны России, Москва, 2006, http: // old. vko. ru/article. asp? pr_ sign = archive. 2005. 25. 13.

[175] Павлов А. Л. , *Военная безопасность и особенности ее осуществления в воздушно – космическом пространстве*, Ярославль, 2009.

[176] Павлов А. Л. , *Воздушно – космическая оборона в системе военной безопасности Российской Федерации*, Ярославль, 2008.

[177] Первов М. А. , *Системы ракетно – космической обороны России создавались так*, М. : Авиа Рус – XXI, 2003.

[178] Пеонов Александр и Фаличев Олег, "Глобалному удару – ответ по существу", *Военно – промышенный курьер*, No. 8, 2015, http: // vpk – news. ru/articles/24155.

[179] Первое согласованное заявление в связи с Договором между СССР и Соединенными Штатами Америки об ограничении систем противоракетной обороны от 26 мая 1972г, http: //www. conventions. ru/ view_ base. php? id =1646.

[180] Перминов А. Н. и Авраменко С. Д. , *Космические войска*, Москва: Типография«Новости», 2003.

[181] Перспективный атомный эсминец получит возможности крейсера,

http：//lenta. ru/news/2015/03/02/destcruiser/.

[182] Противоракета ПРС - 1/53Т6 Комплекса ПРО А - 135, http：//rbase. new - factora. ru/missile/wobb/53t6/53t6. shtml.

[183] ПРО А - 135, http：//ru. wikipedia. org/wiki/% CF% D0% CE_ % C0 - 135.

[184] Птичкин Сергей, Отстрелялись антиракетой （2014 - 7 - 8）, www. rg. ru/2014/07/07/s - 500 - site. html.

[185] Птичкин Сергей, "Не подлетишь", *Российская газета*, март 6, 2015, http：vpk. name/news/127834_ ne_ podletish. html.

[186] Радиооптического комплекса распознавания （РОКР） "Крона" — Система контроля космического пространства Российской Федерации, http：//wikimapia. org/6348667/Радиооптичесий - компллекс - роспознавания - космичеких - объектов - «Крона»

[187] Радиолокационные станции дальнего обнаружения баллистических ракет и космических объектов, http：//www. arms - exRO. ru/site. xp/049051050056124049056049052. html.

[188] Рахманов Александр и Менячихин Андрей, "Важнейший элемент ВКО", *Воздушно - космическая оборона*, No. 5, 2010, http：//www. vko. ru/koncepcii/vazhneyshiy - element - vko.

[189] РЛС Воронеж - М/ДМ, http：dokwar. ru/publ/vooruzhenie/pvo _ i _ rvsn/rls_ voronezh_ m_ dm/16 - 1 - 0 - 628.

[190] Роговский Е. А. , *Космическая противоракетная оборона США и перспективы российско - американскаго сотрудничествка*, Москва, 2004.

[191] Рогозин Дмитрий, *Война и мир в терминах и определениях*, издательство «ПоРог», 2004, www. voina - i - mir. ru/article/304.

[192] Родионов Николай, "Первая попытка заглянуть за радиогоризонт", *Воздушно - космическая оборона*, No. 6, 2011, www. vko. ru/oruжie/pervaya - popytka - zaglyanut - za - radiogorizont.

[193] Родионов Николай, " Полигонный вариант подмосковного «Дуная»", *Воздушно - космическая оборона*, No. 3, 2012, http：//www. vko. ru/oruzhie/poligonnyy - variant - podmoskovnogo - dunaya.

[194] Россия возвращает в строй все атомные крейсеры (2010 – 7 – 24), http: //ria. ru/defense_ safety/20100724/258086435. html.

[195] *Рубежи обороны в космосе и на Земле. Очерки истории ракетно – космической обороны*, М. : Вече, 2003.

[196] "Русские ворота в космос", *Советская Россия*, Октябрь 3, 2002.

[197] Ручкин В. , "Чтобы гарантировать безопасность страны", *Красная Звезда*, 2005.

[198] Рыжонков Вячеслав и Дрешин Александр, "Единство и комплексность ВКО – объективное требование современной войны", *Воздушно – космическая оборона*, No. 1, 2012, http: //www. vko. ru/voennoe – stroitelstvo/edinstvo – i – kompleksnost – vko – obektivnoe – trebovanie – sovremennoy – voyny.

[199] Рябов Кирилл, У России снова появится боевой лазер? (2012 – 11 – 14), http: //topwar. ru/20996 – u – rossii – snova – poyavitsya – boevoy – lazer. html.

[200] Рябов Борис, "Системы обнаружения НПРО – пока ничего нового", *Воздушно – космическая оборона*, No. 2, 2001, http: //www. vko. ru/oruzhie/sistemy – obnaruzheniya – npro – poka – nichego – novogo.

[201] С – 400, http: //ru. wikipedia. org/wiki/% D1 – 400.

[202] С – 500, http: //ru. wikipedia. org/wiki/% D1 – 500.

[203] С – 500: характеристики (2014 – 10 – 27), http: //fb. ru/article/155632/s – zenitno – raketnaya – sistema – harakterstiki.

[204] Савельев Ю. П. , "Щит и меч звездных войн", *Советская Россия*, Июль 27, 2000.

[205] Саенко В. Н. , "Надежный зонтик от ракетного «дождя»", *Советская Россия*, август 21, 1999.

[206] Саенко В. Н. , "Уважают сильных", *Советская Россия*, июнь 15, 2000.

[207] Сапрыкин Сергей Дмитриевич, "На передовых рубежах радиолокации", *Воздушно – космическая оборона*, No. 4, 2010, http: //www. vko. ru/oboronka/na – peredovyh – rubezhah – radiolokacii.

[208] Семенов Борис, Торговкин Станистав и Трекин Вячеслав, "СПРН:

новые возможности", *Воздушно – космическая оборона*, No. 2, 2008, http: //www. vko. ru/koncepcii/sprn – novye – vozmozhnosti.

[209] Сердюков А. Э. , *Военный Энциклопедический Словарь*, Москва, 2007, http: //encyclopedia. mil. ru/encyclopedia/dictionary/details. htm? id = 14714@ morfDictionary.

[210] Сергей Волков, "К истокам ВКО", *Воздушно – космическая оборона*, No. 1 – 2, 2011, http: //www. vko. ru/voennoe – stroitelstvo/k – istokam – vko – 1; http: //www. vko. ru/voennoe – stroitelstvo/k – istokam – vko – 2.

[211] Силкин Александр и Бренер Борис, "ПВО северо – американского контингента: сегодня и завтра", *Воздушно – космическая оборона*, No. 3, 2001, http: //www. vko. ru/koncepcii/pvo – severo – amerikanskogo – kontingenta – segodnya – i – zavtra.

[212] Сиников Алексей, "Как «от задач к ресурсам», так и «от ресурсов к задачам»", *Воздшно – космическая оборона*, No. 5, 2013, http: // www. vko. ru/koncepcii/kak – ot – zadach – k – resursam – tak – i – ot – resursov – k – zad.

[213] Сиротинин Евгений и Подгорных Юрий, "Гиперзвуковой аппарат", *Воздушно – космическая оборона*, No. 6, 2003, http: //www. vko. ru/oruzhie/giperzvukovoy – apparat.

[214] Система ПРО А – 135, http: //pro. guns. ru/abm/A – 135 – 01. html.

[215] Система противоракетной обороны Москвы, http: //masterok. livejournal. com/272295. html.

[216] Словарь военной энциклопедии, http: //encyclopedia. mil. ru/encyclopedia/dictionary/details_ rvsn. htm? id = 14378@ morfDictionary.

[217] Стрельников Владимир, Курушкин Сергей и Панченко Виктор, "Краеугольный камень воздушно – космической обороны", *Воздушно – космическая оборона*, No. 3, 2010, http: //www. vko. ru/koncepcii/kraeugolnyy – kamen – vozdushno – kosmicheskoy – oborony.

[218] Сумин Анатолий, " Николай ЛяховСистема разведки и предупреждения", *Воздушно – космическая оборона*, No. 5, 2003, http: //www. vko. ru/oruzhie/sistema – razvedki – i – preduprezhdeniya.

[219] Суханов Сергей Александрович, "ВКО – это задача, а не система",

Воздушно - космическая оборона, No. 2, 2010, http://www.vko.ru/DesktopModules/Articles/ArticlesView.aspx? tabID = 320&ItemID = 360&mid = 2892&wversion = Staging).

[220] "ТАРКР «Адмирал Нахимов» станет многоцелевым", *Военно - промышленный курьер*, www.vpk - news.ru/news/16450.

[221] Тарнаев Александр, "Надежной российской системы ВКО нет", *Воздушно - космическая оборона*, No. 2, 2014, http://www.vko.ru/strategiya/nadezhnoy - rossiyskoy - sistemy - vko - net.

[222] Тезиков Андрей и Мирошниченко Олег, "АСУ ВКО: требуется новая система взглядов", *Воздушно - космическая оборона*, No. 2, 2012, http://www.vko.ru/koncepcii/asu - vko - trebuetsya - novaya - sistema - vzglyadov.

[223] Текст договора СНВ - 3, http://vz.ru/information/2010/4/8/391154.html.

[224] Тетекин Вячеслав, ГорьковАлександр, Соколов Анатолий, Москвителев Николай, Ситнов Анатолий, Мацюк Виктор, Морозов Игорь, Сологубов Сергей, Перекрестов Владимир иТарнаев Александр, "Войска ВКО: болезни роста", *Воздушно - космическая оборона*, No. 6, 2013, http://www.vko.ru/voennoe - stroitelstvo/voyska - vko - bolezni - rosta.

[225] Тетекин Вячеслав," Миф о подготовке офицерских кадров", *Военно - промышленный курьер*, июль 17, 2012, http://vpk - news.ru/articles/9032.

[226] Травкин Александр и Бренер Борис, "*Воздушно - космическая оборона*: большие перемены", *Воздушно - космическая оборона*, No. 1, 2013, http://www.vko.ru/strategiya/vozdushno - kosmicheskaya - oborona - bolshie - peremeny.

[227] Травкин Александр, БеломытцевАлександр и Валеев Марат, "Надо формировать новый вид Вооруженных Сил", *Воздушно - космическая оборона*, No. 5, 2013, http://www.vko.ru/voennoe - stroitelstvo/nado - formirovat - novyy - vid - vooruzhennyh - sil.

[228] Трубников В. И., *Проблемы и перспективы сотрудничества России и*

США НАТО в сфере противоракетной обороны, Москва: ИМЭМО РАН, 2011.

[229] Тяжелый атомный ракетный крейсер «Петр Великий», www. snariad. ru/ships/петр – великий.

[230] Управление пресс – службы и информации МО РФ, "Основные вехи Космических войск", http://www. mil. ru/848/1045/1276/11977/11982/index. shtml.

[231] Фадеев Вячеслав," Угрозы безопасности России растут", *Воздушно – Космческая Оборона*, No. 4, 2006, http://www. vko. ru/koncepcii/ugrozy – bezopasnosti – rossii – rastut.

[232] Фаличев Олег, "«Окно» над Памиром", *Воздушно – космическая оборона*, No. 4, 2003, http://www. vko. ru/oruzhie/okno – nad – pamirom.

[233] Ходаренок Михаил, "Спрос на С – 300 будет расти", *Воздушно – космическая оборона*, No. 1, 2002, http://www. vko. ru/oruzhie/spros – na – s – 300 – budet – rasti.

[234] Ходаренок Михаил, "Баталии вокруг воздушно – космического щита", *Воздушно – космическая оборона*, No. 3, 2002, http://www. vko. ru/voennoe – stroitelstvo/batalii – vokrug – vozdushno – kosmicheskogo – shchita.

[235] Ходаренок Михаил, "От чего сегодня зависит победа", *Воздушно – космчиеская оборона*, No. 5, 2004, www. vko. ru/voennoe – stroitelstvo/ot – chego – segodnya – zavisit – pobeda.

[236] Ходаренок Михаил, "Точка отсчета в истории ПРО", *Воздушно – космическая оборона*, No. 2, 2010, http://www. vko. ru/oruzhie/tochka – otscheta – v – istorii – pro

[237] Ходаренок Михаил, "Противоракета, не имеющая аналогов", *Воздушно – космическая оборона*, No. 6, 2010, http://www. vko. ru/oruzhie/protivoraketa – ne – imeyushchaya – analogov.

[238] Храмичев Александр, "Новое качество ПРО", *Воздушно – космическая оборона*, No. 6, 2010, http://www. vko. ru/koncepcii/novoe – kachestvo – pro.

[239] Ходаренок Михаил, "От противовоздушной к воздушно - космической оборон", *Воздушно - космическ ая оборона*, No. 1, 2014, http://www.vko.ru/vuzy-i-poligony/ot-protivovozdushnoy-k-vozdushno-kosmicheskoy-oborone.

[240] Храмчихин А., "*Воздушно - космическая оборона* как возможность", *Независимое военное обозрение*, март 4, 2011, www.aex.ru/fdocs/1/2011/3/4/19201/.

[241] Хюпенен Анатолий, "Удержим ли воздушно - космический фронт", *Воздушно - космическая оборона*, No. 6, 2003, http://www.vko.ru/voennoe-stroitelstvo/uderzhim-li-vozdushno-kosmicheskiy-front.

[242] Хюпенен А. И. и Криницкий Ю. В., "Создание ВКО—необходимое условие обеспечения военной безопасности России", *Военная мысль*, No. 7, 2012.

[243] Царикаев Ю. Д., *Фактор противоракетной обороны в развитии международных отношений*, Москва, 2008.

[244] Центральный военный округ, http://gruzdoff.ru/wiki/Центральный_военный_округ_(Россия).

[245] Центральный научно - исследовательский институт ВКО откроется 1 марта 2014 года, http://www.vimi.ru/node/461.

[246] Цурков Михаил и Шушков Андрей, "«Глобальный удар» в действии", *Воздушно - космическая оборона*, No. 4, 2011, www.vko.ru/koncepcii/globalnyy-udar-v-deystvii.

[247] Цымбалов А. Г., "Задача - обеспечить стратегическую мобильность", *Воздушно - космическая оборона*, No. 3, 2012, http://www.vko.ru/operativnoe-iskusstvo/zadacha-obespechit-strategicheskuyu-mobilnost.

[248] Чекинов С. Г. и Богданов С. А., "Стратегическое сдерживание и национальная безопасность России на современном этапе", *Военная мысль*, No. 3, 2012.

[249] Чельцов Борис, "Система ВКО России", *Воздушно - космическая оборона*, No. 6, 2003, http://www.vko.ru/voennoe-stroitelstvo/sistema-vko-rossii.

[250] Чельцов Борис, “Каким будет новый облик ВКО”, *Воздушно – космическая оборона*, No. 1, 2014, http://www.vko.ru/koncepcii/kakim – budet – novyy – oblik – vko.

[251] Чельцов Б. Ф., “Вопросы Воздушно – космической обороны в военной доктрине России”, *Вестник АВН*, No. 1, 2007.

[252] Шилин Виктор и Олейников Игорь, “Проблемы и перспективы развития системы контроля космического пространства”, *Воздушно – космическая оборона*, No. 1, 2010, http://www.vko.ru/koncepcii/oblast – kontrolya – okolozemnoe – prostranstvo.

[253] Шишков Александр, “Как запускали первую противоракету”, *Воздушно – космическая оборона*, No. 1, 2002, http://www.vko.ru/oruzhie/kak – zapuskali – pervuyu – protivoraketu.

[254] “Шойгу велел довести новейшую РЛС ‘Контейнер’ до совершенства”, *РИА Новости*, декабрь 9, 2013, http://ria.ru/defense_ safety/20131209/982888881.html.

[255] Шойгу рассказал о работе Национального центра управления обороной России, http://www.ridus.ru/news/170939.

[256] Южный военный округ, Http://gruzdoff.ru/wiki/Южный_ военный_ округ_ (Россия).

[257] Яшина Ю. А.. *Меч и щит России. Ракетно – ядерное оружие и системы противоракетной обороны*, Калуга – пресс, 2007.

索　引

D

F

G

H

K

T

Z

致　谢

不知不觉，时间已经进入了毕业倒计时。通过三年的学习，我从一个军事门外汉成为一名军事学博士毕业生，收获颇丰，也感慨良多。

千言万语，最应该感谢的是导师陈建民。三年里，他的谆谆引导令我受益良多。他不仅通过参与课题、布置文章撰写等方式，帮助我尽快提升学术能力；还因材施教，屡屡提醒我外语口语能力对军事研究人员的重要性，使我不忘持续提升外语能力。他还关心我的家庭、心理状态，经常抽出宝贵时间与我讲述他的人生经历和奋斗历程，引导我构建学术理想和坚定“拼搏就会实现理想”的人生观。他教导我要严谨治学、提升理论修养，教导我要从文学性的文字风格向言简意赅的理论文字风格转变，从天马行空向逻辑严密的行文思维转变，等等。这些细心的指导令我受益匪浅，使我在博士阶段收获的绝不仅仅只是一篇博士论文。

在论文撰写过程中，陈学惠老师从选题、开题到成文都对我给予了莫大的关心。他主动为我找来大量俄文书籍，循循善诱打开我的论文思路，并及时修正我的错误写作方向。在此，我向他表示深深的谢意。于淑杰老师、姜连举老师、赵德喜老师、李大军老师、郝智慧老师、李效东老师、李抒音老师及方明老师等也对我的论文提供了十分重要的指导，在此一并致谢。

最后，感谢我的家人。他们以我的学业为重，给我留出大量的时间，帮我解除了后顾之忧。还要感谢2012级博士班的同学们，是你们的鼓励、督促和帮助，让我度过了愉悦充实的三年，让我在论文写作中获得灵感和动力。

这一人生阶段即将结束，新的人生阶段就要开启。相信带着在这三年里收获的知识、思想和对生命的感悟，我定将能更好地迎接下一个挑战，坚定自己的人生道路并不断实现人生目标。这三年里结下的师生缘、同窗缘、朋友缘将是我毕生珍视的财富！

<table>
<tr><th colspan="4">第六批《中国社会科学博士后文库》专家推荐表 1</th></tr>
<tr><td>推荐专家姓名</td><td>李大军</td><td>行政职务</td><td>无</td></tr>
<tr><td>研究专长</td><td>俄罗斯军事</td><td>电　　话</td><td>010 – 66765428</td></tr>
<tr><td>工作单位</td><td>国防大学</td><td>邮　　编</td><td>100091</td></tr>
<tr><td>推荐成果名称</td><td colspan="3">俄罗斯反导力量建设研究</td></tr>
<tr><td>成果作者姓名</td><td colspan="3">桂晓</td></tr>
<tr><td colspan="4">（对书稿的学术创新、理论价值、现实意义、政治理论倾向及是否达到出版水平等方面做出全面评价，并指出其缺点或不足）
该成果具有很高的创新性，主要体现在全面阐述了俄罗斯空天作战理论的形成和发展过程，包括抗击敌空天袭击的战略性战役和战略性空天战役的发展，总结了俄军反导力量在战略指导、装备发展、力量建设和组织体制建设方面的做法及经验教训，阐明了俄军反导作战力量战略地位的变化。该成果具有较高的理论价值，主要体现在对俄军在该领域前沿问题掌握较全面、系统，对俄军反导力量的使用特点、指挥体制及发展趋势把握得当。该成果研究俄军反导力量建设，并在此基础上提出了一些针对性较强的启示对策，对我军反导建设和军事斗争准备具有现实意义。总之，该成果具有较高的学术价值、理论价值，包括借鉴应用价值，对我军反导力量的建设具有较强的现实指导意义，达到出版水平。
不足之处是该成果在对我军反导力量建设启示的针对性方面应做更进一步的挖掘。
签字：李大军
2016 年 12 月 14 日</td></tr>
<tr><td colspan="4">说明：该推荐表由具有正高职称的同行专家填写。一旦推荐书稿入选《博士后文库》，推荐专家姓名及推荐意见将印入著作。</td></tr>
</table>

第六批《中国社会科学博士后文库》专家推荐表 2			
推荐专家姓名	李效东	行政职务	无
研究专长	俄罗斯军事	电　　话	13681510906
工作单位	军事科学院	邮　　编	100091
推荐成果名称	俄罗斯反导力量建设研究		
成果作者姓名	桂晓		

（对书稿的学术创新、理论价值、现实意义、政治理论倾向及是否达到出版水平等方面做出全面评价，并指出其缺点或不足）

该成果系统研究了俄军反导力量建设的历史、现状和发展趋势，深入剖析了俄军反导武器系统的构成、反导力量构成及其领导指挥体制；该成果从战略指导、装备建设、组织建设等角度总结了俄（苏）反导力量建设的基本经验，从美俄反导博弈、高层决策“随意”等角度总结了主要教训。该成果在以上方面的论述有较高的创新性，在一定程度上弥补了国内外在该领域研究成果的不足。反导力量在俄罗斯国家安全保障中占有重要地位，是俄罗斯核遏制的重要组成，研究俄罗斯反导力量建设不仅能了解俄罗斯的反导实力，还能对我国反导力量建设提供重要启示。该成果具有重要的学术理论价值和实践意义，符合我军事理论和战争实践的发展趋势。该成果的学术水平等各方面已经达到出版水平。

不足之处是，由于信息获取的局限性，该成果对俄罗斯反导组织体制的最新信息掌握不够详尽，建议进一步加强研究，补足信息。

签字：李效东

2016 年 12 月 14 日

说明：该推荐表由具有正高职称的同行专家填写。一旦推荐书稿入选《博士后文库》，推荐专家姓名及推荐意见将印入著作。